U0082622

做菜是發自內心的欣喜，

無法克制的衝動，

十分鐘裡開三次冰箱的傻勁，想轉開爐火的欲望。

獻給外婆與媽媽
我的廚藝啓蒙

提醒您，飲酒過量有害健康，未成年請勿飲酒，
喝酒不開車、開車不喝酒。

家酒場

67道下酒菜，
在家舒服喝一杯（或很多杯）

比才——文字・料理

我們這時代的講究人

作家　**黃麗群**

翻讀比才的《家·酒場》，我的內心，十分驚慌，幾度考慮是否該推辭這篇推薦序。這是一本十足道地的食譜，而我個人，則十足是一個廚房裡的廢物，且如今滴酒不沾……先別說各位了，我的良知也都是中心惴惴：到底憑什麼談它啊？妳毛都不會做。

「但是，妳吃了超級多的啊！」以上，出現的則是肚子的聲音。最後我聽從了肚子的聲音。

比才的菜我真是吃了不少。我與她因合作《寂境——看見郭英聲》一書認識，當時她是該書的責任編輯，初次見面，印象深刻，清瘦素淨，雖說彬彬有禮，不難相處，但直覺這人應該相當龜毛，卻還看不出她龜毛的點在哪裡。

其後由公而私，漸漸成了朋友，又漸漸成了互串門子一起旅行相招走市場的熟朋友，才終於確認她的斟酌糾結拿捏戒尺與小本本，還好，都在菜市場與廚房裡。

龜毛若總是往外對準別人，叫做煩；但若往內對準自己的一門手藝，那就成了講究。我說「道地的食譜」，並非操作型定義份量精準步驟清晰可複製度高等等，而是這本食譜看似平淡，其實無一處不是低調自然地氤氳她對食物、烹飪與生活的情致與提煉，而各種製作上的提點，味覺變幻的技巧，不必喧鬧擺態高調做身段，踏實中自有真富雅，她寫的是分類上的食譜，卻也是一份有譜有調的飲食生活。

那你大概要問，到底好吃嗎？我感覺說比才的菜「好吃」都有點看不起她了。好吃豈不是最基本的嗎，還需要講嗎。說好吃而有名堂，也不夠覆蓋。她留法出身，對酒與西式味覺系統頗有心得，也擅長日式料理，製作日本的御節年菜盒豐腆豔麗不可方物；就算有時去她家玩桌遊聊閑天吃碗飯——我真的是說吃碗上面鋪了荷包蛋的飯——都是真珠般的好米，各有來歷的蛋與醬油，遍嘗百草後冰箱裡精選或精製的季節醬菜，她對台灣能取得的本地與進口食材瞭若指掌，但她的味覺與採用有說法，絕不落入某種以追捧貴價為尚的老氣（但若需運用矜貴食材也不手軟）。如果吃她一頓正式的家宴，從菜單設計，食器調度，客人組合，冷熱與季節感，滋味與材質的進退變幻，在在晶瑩閃爍如寶石箱，她的菜有傳統的一絲不苟，也有個人的刁鑽飛揚，清而不瘠，紮實靈動，等閒的私廚不能與其比肩。她是我們這時代一個真正的精緻講究人。

在寫序這件事上，我一直有些奇怪的直覺，承蒙不棄，不時會收到書序邀約，可是我太散漫愛拖稿，為了避免終究成為編輯的困擾，絕大部分都得婉辭。然而過去曾有兩本我感到非要認真推薦不可的新人處女作，一本是胡遷的《大裂》，一本是江鵝的《俗女養成記》，再來就是比才的《家．酒場》了。人間各類從事，都有才分之說，她的廚藝天分絕無疑義，此書雖然講簡單的小料理下酒菜，但相信知情人已能看出邱璽；就算是我這樣的灶下麻瓜，光看林煜幃與施清元的攝影，研究她親手從國內外挑來的食器，也已十分盡興，至於真有能力把她這些小菜搬入家酒場的你，自然是最幸福的了。

浮誇最美

水牛書店×我愛你學田市集負責人　**劉昭儀**

如果以為她是個尋常平凡的OL……那你就大錯特錯了！週間在阿修羅職場的勉力修行，到了週末假日，瞬間大變身，成為品酩料理的極樂追求者。比才離開辦公室不需要進電話亭換裝，直接在餐桌上布置好各式各樣的下酒菜，展現讓眾人目瞪口呆的超人絕技。

不論是工作中的爾虞我詐、機關算盡；還是江湖裡的刀光劍影、虎虎生風……這所有的相遇，只是為了一轉身，比才使出的武林絕學。不論是風行草偃，或是忍辱偷生，只要端上餐桌，各具巧思的一碟一皿或一盅，再搭配一口入魂的好酒啊……連毛細孔都被療癒的剎那，不就是生活無奈辛酸後含淚微笑的代價?!

我常常看到比才在料理教室，神采飛揚、行雲流水地透過教學，讓學員們不只看到她「一代宗師」級的料理手法與邏輯，更重要的是她的生活品味與態度：對美感優雅的堅持、追求味覺的層次與變化，甚至不放棄每一次庸碌平凡中的小細節……比如說連去菜市場吃米粉湯與黑白切，都要自備選酒與酒杯……沒有一定程度的瘋狂，我想是走不到這一步的（笑）。

所以跟著比才，不僅僅是學做菜而已，因為老師對料理澎湃的熱情與真愛，鼓動著學生們回家之後，也懂得要為自己準備好精緻或隨意的酒菜，搭配豐滿或寂寥的心情，或許吃過喝過哭過笑過，之後閉眼睡一覺，明天又是生龍活虎的一條好漢。

最後來談談家宴，特別是指非職人的料理行家，在家設宴款待好友的拿手好菜席。不僅是親朋好友歡聚而已，更是料理人誠意顯現和軍備展示的重大慶典。而我最期待的是比才的家宴……從菜單的安排書寫、餐桌的布置、食材節

2019.5.11.
奶油起司三重奏
青山綠水
蔬菜花園
蝦仁茶碗蒸
佃煮秋刀
煙燻五花肉
高麗菜濃湯
壽喜燒和白飯
紅豆水羊羹
咖啡茶

令感的巧思、前菜組合開始的醞釀、餐酒的適時助攻，還有主菜系列的氣勢磅礡，再到湯品的乘勝追擊，以及不能小覷甜品的餘音繞梁……我曾經吃過幾位料理界前輩精采又風格迥異的盛宴，但是每天滿腦子浸淫在菜單推陳出新、實做不厭其煩地練習，再加上採買食材食器絕不手軟，還有餐酒沒有盡頭的收集……（麻煩這段權限鎖比才老闆謝謝）。

比才毋寧是家宴界最耀眼的新星。怎麼說呢？所謂家宴，追求的很簡單，無非就是「浮誇」二字而已。而關於這件事，真的沒有可以比她更淋漓盡致了。

做為比才的合作夥伴與忠實的粉絲……我要衷心感謝比才為平凡灰階的阿嬸家常料理，注入七彩鮮活的可能性……縱使我有點力不從心，但至少可以盡興地喝一杯吧！

一位會做下酒菜的朋友，當然是好朋友

創意人　盧建彰

我有一個編輯，幫我做出了暢銷書《文案力》，書賣得不錯，我很感激她，因為我是同一個我，我沒什麼變化，所以，應該是編輯的功勞。

有一次，我在「我愛你學田」看到有位廚師開課，我很想去學，因為她教的菜色樣樣精巧，看來就超好吃的。

後來，我工作卡住，怕不能每堂課都去上，學習的時間會耽誤，就放棄報名了。

但我一直很想吃那些菜，也很想自己會做那些菜。

還有，那位老師的名字和我感激的編輯同名，我很想去現場看看，是不是同一個人。

我很少拜託人，因為從小家境就不是讓我可以為所欲為的，若真要拜託人，還真是拜託不完，所以我養成了謹慎拜託信用至上的原則，不過這篇推薦文，我是拜託來的。

我一直在想那些菜那麼美，對，少一個味，因為我還沒吃過，而且，光看組成就感覺到，它是平等的。

它應該是平等的，就是每個人都有機會擁有它，只要你願意，它不會因為你的出身背景，你的職業身分，你的年收入所得而有所限制，它只在乎你是不是願意，你的自由意志是不是選擇它，希望它發生，它如此公平，讓我感到正義。

世界上已經太多不公平了，為什麼不好好對自己公平一點？

讓自己做出幾道菜，確認自己在這世上的價值，基本上，已經是心理治療了，也是我認為台灣當代最重要的題目，很抱歉，台灣現在最嚴峻的不是經濟問題，是心理問題。

那問題不是你造成的，但卻是你得面對的，更多時候，更是你的大問題。它影響你的生活品質，壓迫你的創意可能，很多人都該試著看心理諮詢，但也很多人覺得自己沒有資源，無力負擔，就放著，任那問題成長茁壯像大樹一樣，只是它壓在你身上。

我也知道出國旅行可以緩解，但你可以每天出國旅行嗎？

就算你週週抽中來回機票，但你的假跟得上你的好運嗎？

與其如此望著遙遠的海市蜃樓，讓淚水在臉上乾去，還不如天天救自己一次，好啦，我知道你忙，不然週週救一次，下個廚做道下酒菜。

一開始先是週末，行有餘力，也許，小週末的週三也可以來一下，讓自己像個馬拉松選手，在乾枯的賽道上，給自己一個補給站，讓自己不致比柏油路更粗糙若死皮。

當那食材在你手上變化，從樸實無華，成為一道道精緻耀眼、惹人憐愛、引人靠近的小菜，你的樣子，也跟著，起了變化，你也不一樣了。

當你有了那一道道美好的奇妙作品，而且享受的不只是品嘗它的樂趣，還有創造它的樂趣，我跟你保證，任何事都已經不順利地順利解決，就算還有什麼事，我們吃完喝完再說。

或許，也沒什麼好說的了，不就是些小事嗎？

（要再來點小菜嗎？）

噢，對了，根據我的經驗，要是擔心飲酒過量，做道小菜，絕對是最佳的節制之道，因為品嘗小菜的同時，你不會放縱自己到宇宙的盡頭，任由自己牛飲，優雅的下酒菜之前，你會記得優雅，不必提醒，自然有節。

如果，需要我再推一把，請容我說，拍照也很好看哦。

不管放在ＦＢ還是ＩＧ，自己做的下酒菜，絕對完勝許多外國風景名勝，還有整形成果，畢竟，是自己做的呀，畢竟，誰會不愛下酒菜呢？那麼自在獨立，那麼有個人風格，那麼有想法有餘裕。

誰會不想靠近你呢？

一位會做下酒菜的朋友，當然是好朋友。哈哈！

序

適量飲酒，身心舒暢

為什麼要寫一本下酒菜的書呢？因為我希望更多人能享受喝酒這件事。

開始構思這本書時，有朋友告訴我，「在台灣寫下酒菜的食譜沒有市場，因為買鹹酥雞和滷味太方便了。」確實，一提到下酒菜，不外乎是到處都能輕易取得的鹹酥雞、鹹水雞、滷味和各種小吃，再不然就是便利商店的現成品，太少人願意花時間花力氣，還得花比買外食更多的預算自己動手做。

「大家不會自己動手做下酒菜」這件事對我來說，可以分成兩個層次來思考。前面提到的、外食非常方便當然是主因之一，只要買回家就能馬上開酒，省時省力。但我認為還有另一個很重要的原因——台灣沒有「喝酒」的文化及習慣，當然不是指台灣人不喝酒（喝得可多了呢），而是大家不會把「在家喝一杯」當成一件日常生活不可缺少的事情。比如歐洲很流行的餐前酒時間、比如日本人口中的晚酌、比如不論在什麼樣的餐廳外食，都盡量以酒搭餐，又比如把自己家當成居酒屋的家酒場，邀請親朋好友在家一起喝一杯。以上這些習慣，大致上都挺少見的。

我想做的，就是打破這個情況。

我希望大家愛上喝酒，喝酒是一件多開心舒服的事啊，只要不是酗酒或過量飲酒，每天一、兩杯，適度品飲，多喝點水或做點運動就代謝完成，減輕對身體的負擔。

我也希望大家願意動手做，不需要做複雜的菜，不用花大錢買昂貴的食材，只要比去排隊買鹹酥雞多一點點的時間，就能很快為自己及家人做一道下酒菜。在家喝一杯可以很自在，喝累了馬上躺沙發，想配電視配手機配球賽都好，雖然我最希望大家配的是彼此的陪伴與對話。

這本書中介紹的菜都不難，盡量在五個步驟內完成，有時文字稍微多了點，那是因為我擔心寫太簡略，大家做不出來，請勉為其難讀完。

還有一個巧思是，這本書每一篇的第一道下酒菜都是蛋料理。對我來說，蛋是一切料理的原點，也是最好的酒餚，所以特別安排每一篇都有一道以蛋為主題的菜，喜歡蛋或是不曉得該從哪一道菜下手的朋友，不妨就從每一篇的第一道菜開始吧。

為了不要有廣告嫌疑，我幾乎沒有介紹特定酒品，只提到酒類的大項。但我要強調的是，沒有什麼酒一定搭什麼菜，也沒有什麼酒比什麼酒好，酒是個人的，主觀的，只要自己喜歡就是好酒，所以如果在文中有配酒建議，那當然只是建議，你永遠都能有自己喜歡的搭配。

最後，就請大家以放鬆的心情打開本書，與我一起喝一杯。

目次

推薦序——我們這時代的講究人 黃麗群 008
推薦序——浮誇最美 劉昭儀 012
推薦序——一位會做下酒菜的朋友，當然是好朋友 盧建彰 016
序——適量飲酒，身心舒暢 022
前言——關於喝酒與下酒菜這件事 032

1 每個酒鬼都該會的保命急救丹：蛋蛋三部曲

半熟玉子 042
*橄欖油海鹽胡椒／麻油鹽蔥檸檬／奶油辣醬
▼蛋要怎麼煮？▼蛋要怎麼剝？
▼蛋要怎麼切與裝盤？▼桃屋辣醬是什麼？
超完美荷包蛋 046
一顆蛋也可以的歐姆蛋 048

2 週末的一杯

溏心蛋 052
▼日式高湯要怎麼煮？
牛筋燉蘿蔔 054
▼牛骨高湯要怎麼煮？
椒鹽毛豆 058
磯煮小鮑魚 060
肉豆腐 062
油封雞心 064
▼什麼是油封？▼如何處理雞心？
茄汁白豆燉牛肚 066

3 加班到要死了，但明天還得上班的一杯

茶碗蒸 070
▼茶碗蒸要用什麼高湯最適合？
▼茶碗蒸有什麼變化版嗎？
鰹魚醬油拌豆腐 074
▼冷豆腐還可以有什麼變化？
蒜烤油漬沙丁魚罐頭 077
涼拌鱈魚肝 078
▼沙拉醬要怎樣調？

鮪魚蘿蔔絲沙拉 081
奶油煎牛排 082
現成生魚片大變身 084
＊炙燒干貝／柑橘海鮮沙拉

4 節慶的一杯
蘆筍與半熟玉子佐自製美乃滋 088
白蘭地雞肝醬與無花果 092
檸檬油漬蝦 094
▼如何消毒密封罐？
紫蘇鮭魚卵高湯凍 098
▼高湯凍的吉利丁比例
巴斯克風番茄漬干貝 100
紙包烤蝦與小番茄 102
▼半乾番茄怎麼做？
菲菲的羊小排 104

5 被小人陰了的一杯
高湯蛋卷 108
▼高湯蛋卷的關鍵是什麼呢？
地獄烤蛋 112
▼基礎番茄醬汁怎麼做？
湯豆腐 116
醬燒牡蠣 118
馬鈴薯沙拉 120
▼鹽漬小黃瓜怎麼做？
▼馬鈴薯沙拉還能加入什麼材料或調味？

6 餐前的一杯
醬油漬蛋黃 124
▼哪裡買好蛋？
開胃小塔 126
＊酪梨醬佐燻鮭魚／嫩蛋酒醋蘑菇

奶油起司二部曲 130
＊海苔起司／奈良漬起司
醋漬蔬菜 132
▼醋漬蔬菜可以保存多久？▼醋水比例如何抓？
鯷魚橄欖串 135

7 相聚的一杯

比才版蛋沙拉三明治 138
義大利水煮魚 140
香料烤雞翅 142
＊北非香料／義式香料與香醋
▼香料有哪些選擇？
啤酒燉肋排 144
▼西式燉菜的祕訣
雞肉丸子蛤蜊雪見鍋 148
▼什麼是雪見鍋？
酒香番茄橄欖蛤蜊 152

8 蔬食的一杯

月見蕈菇 156
▼生蛋黃是一種醬料？▼西式料理為什麼要加醬油？
咖哩檸檬烤白花椰 160
梅香金針菇 162
鰹魚片拌秋葵 165
番茄洋蔥泥沙拉 166
帕梅善起司烤蔬菜 168
▼還可以烤什麼蔬菜？▼其他調味變化

9 家常菜也可以是下酒菜

甘醋漬黃瓜 174
▼什麼是殺青？
涼拌煙燻腐皮 176
醬燜筍 180
▼竹筍怎麼挑？▼竹筍要怎樣處理？
樹子苦瓜 182

滷水花生豆乾 184
▼雞高湯怎麼煮？

10 甜滋滋的一杯

昭和布丁 188
▼如何漂亮脫模？
粉紅酒漬甜桃 192
▼用酒漬桃煮汁來做果凍
翻轉焦糖蘋果塔 196
▼翻轉塔要怎樣漂亮脫模？▼塔餅一定要用杏仁粉嗎？
白蘭地果乾磅蛋糕 202
▼關於材料的選擇▼關於蛋糕的熟成
義式奶酪 206

11 很多很多杯之後

蛋丼 210
比才乾拌麵 213
豬肉味噌湯 214
茶泡飯 216
檸檬冷麵 219
沙丁魚義大利麵 220
▼如何手做義大利麵？

12 為自己調一杯

檸檬沙瓦 226
白蘭地蜂蜜咖啡 228
艾普羅香甜酒蘇打 230
蜂蜜威士忌 233
自製檸檬酒 234

附錄／家酒場的七個關鍵字

選酒 238
調味料 252
採買 244
擺盤 261
食材櫃 248
器皿 264
冷凍庫 250

前言

關於喝酒與下酒菜這件事

我喜歡喝酒。

喝酒對我來說，與其說是一種享受、社交需要，或假掰地說是儀式，倒不如說是日常生活的一部分。它就跟吃晚餐或是上班前喝杯黑咖啡一樣平常，不是什麼了不起的大事。只是我不大能單喝酒，酒與食物一定得一同出現，有酒就要有食物，反之亦然。

以前年紀稍小、還與父母同住的時候，偶爾會煞有其事地跟比爸（我叫比才，所以家父就父以女貴地被稱為比爸）說：「今晚來喝一杯吧！」然後先看好家裡有什麼合適的下酒菜，若是不足還得早早去買來備妥。那個年代，若沒有個三、五碟我們認可堪為下酒菜的小菜，那天就無法喝酒了。真的是很把好好喝酒當成一回事的。

現在的我，大致上已經進化到什麼東西都能下酒的情況了，一點不誇張，你說說看有什麼是不適合配酒的食物？我應該八成以上都能幫你想到適合它的酒。

鹹食大家應該都同意，要配酒不難，甜食就比較無法想像。

我曾經用Moscato配甜到滴蜜的日本山梨縣大糖嶺水蜜桃，酒甜桃甜，沒有誰搶了誰的風采，簡直相得益彰；我也用藍標約翰走路配過義大利Amedei單一豆種巧克力，微苦帶酸的可可香氣配上調合威士忌，也是一番風情；蛋黃酥、奶黃小月餅、綠豆椪或包肉鬆的鹹甜大餅，這種老一輩人說應該「配一口濃茶」的貨色，卻與夏多內出奇得搭，每年中秋我一定用鼎泰豐蘇式月餅配冰透的Chardonnay，沒有吃就無法過節。

我幾乎每天都喝，但喝不多。以份量來說，大約是三百五十毫升的啤酒一瓶、一個shot的烈酒或兩到三杯的紅白酒，跟很多人相比，是真的不多。

程序大約是這樣的，平日時，若是在家吃晚餐，那就是吃晚餐時搭酒。但若沒有在家吃飯，可能九點多洗完澡，就會開始翻冰箱跟食材櫃，看能有什麼可以下酒的材料。

簡單的時候當然可以很簡單，冰箱隨時都有橄欖、起司或日式醬菜，食材櫃幾乎有可即食的榨菜、鹹餅乾。願意再多費一點工轉開瓦斯爐的時候，就煎個荷包蛋、煮水煮蛋，或一人份法式蛋卷，我覺得這三樣蛋類小菜是每個酒鬼都該學會的保命急救丹，學會它，行走全世界你都能活。

複雜的時候也是非常複雜的。就與常備菜一樣，我會趁假日有餘裕時做一些耐放的燉菜、滷肉、關東煮，或醃漬的蔬菜、涼拌菜，讓平日晚上不用太花力氣就能馬上來一杯。週末則是另一個課題，週末時我願意花很多時間在廚房及餐桌，當然就能端出比較浮誇的下酒菜。

年輕的時候會到外面喝酒，調酒或紅白酒，但年紀愈大就愈喜歡在家喝酒。在外面喝酒所費不貲，但倒不見得是價

本書提到的所有調味料份量，皆供參考，不是絕對，多一匙少半匙也無所謂，因為不同品牌的醬油或不同製法的鹽、不同產區的醋，風味、鹹度及滋味都不同，請大家務必在烹調的各個階段多試幾次味道，漸漸就能找到屬於自己的味道。

1大匙＝15㎖

1小匙＝5㎖

錢的問題，而是自在與舒適程度差很多。在家可以盡情播放自己喜歡的音樂，看著喜歡的運動比賽，做一點自己喜歡的小菜，不必在意他人眼光，只要滿足自己即可。

日本人把居酒屋或有提供酒精飲料的大眾餐廳稱為「酒場」，前陣子在雜誌上看到一期專題叫做「家酒場」，這不就是在說我嗎？不迎合任何人，你家就是居酒屋，沒有菜色限制、沒有Last order時間，一切隨興，開心吃喝就好。

歡迎來到我的家酒場。

1

每個酒鬼都該會的保命急救丹：蛋蛋三部曲

「今晚好想喝一杯啊。」

「但是家裡除了蛋以外，什麼可以配的東西都沒有欸。」

「啊，還有蛋。」

你一定有過這樣的經驗，臨時想喝杯酒，但是手邊什麼東西都沒有，該怎麼辦呢？這種時候只

要有蛋就行了，只要有蛋，你就能打造一個宇宙。

我最常做的下酒菜其實是蛋料理，而且是以「一顆蛋」就能完成的。對我來說，最方便、最容易完成，也最好的下酒菜，就是各種蛋了。

誰家沒有蛋呢？其中我大推半熟玉子、荷包蛋及歐姆蛋這三樣，共同點是它們都能在十分鐘內完成，當酒興一發不可收拾、非喝到不可時，只要打開冰箱拿出雞蛋，十分鐘後，它們就是你的保命急救丹。

記得，冰箱一定要有蛋，吃完千萬要補。

半熟玉子

橄欖油海鹽胡椒／麻油鹽蔥檸檬／奶油辣醬

半熟玉子，換句話說就是半熟蛋。每個人對蛋的熟度需求不同，有人喜歡蛋黃流動的三分熟，有人喜歡蛋黃濃稠的六分熟，有的人只敢吃全熟。對我來說，我喜歡蛋黃剛剛好凝結成膏的狀態，很容易就與醬汁或配料融成一體，一口半顆，再喝一大口酒，非常美妙。不過不論是哪一種熟度，以下三種口味都適合，各有不同風味。

橄欖油海鹽胡椒

〈材料〉
初榨橄欖油…少許
海鹽…1小撮
黑胡椒…1小撮

〈做法〉
在對切的蛋上淋一些初榨橄欖油，撒一點鹽及黑胡椒。

麻油鹽蔥檸檬

〈材料〉
麻油…少許
蔥花…1顆蛋配1根蔥，切細
海鹽…少許
檸檬汁…少許，黃檸檬或綠萊姆皆可，風味不同

〈做法〉

先在小碗中將所有材料拌勻，再鋪在蛋黃上即可。

奶油辣醬

〈材料〉

無鹽奶油⋯1小塊

桃屋辣醬⋯每半顆蛋配1小匙

淡醬油⋯數滴（可省略）

〈做法〉

在對切的蛋上，趁熱放1小塊奶油，以蛋的溫度讓它融化，再鋪入辣醬。如果想更重口味一些，就再滴1—2滴淡醬油。

蛋要怎麼煮？

1 用一個小鍋，水蓋過蛋至少一公分，冷水與蛋一起開始煮。
2 煮滾後，熄火加蓋改用燜的。
3 以標準尺寸、放在室溫的蛋為準，如果想要五、六分熟，請燜三分鐘；如果想要八分熟，就燜三分半到四分鐘，如果要全熟，就燜五分鐘。但如果你的蛋是從冰箱拿出來直接煮，就請把時間都再加四十到五十秒左右。
4 蛋的尺寸也會影響燜的時間，各位試幾次後就能抓到自己喜歡的熟度平衡點了。

蛋要怎麼剝？

1 燜足時間後，立刻把鍋中熱水倒掉並沖冷水。
2 以湯匙背面輕敲蛋的表面，整顆蛋都敲出裂痕，並繼續沖一點冷水，讓水略微滲進蛋殼內。
3 在水中剝殼，如果能一開始就把殼與蛋之間的膜一起撕下，後續就很好剝了。原則上愈熟的蛋愈容易剝，愈生的蛋愈軟，也就愈難剝；新鮮的蛋也比較難去殼，一開始可能會剝得醜醜的，但沒關係，最醜的那顆自己吃掉。

蛋要怎麼切與裝盤？

1 可以從腰部上下對切（切面是圓形），也可以左右對切（切面是蛋形）。
2 不論哪一種切法，都建議兩端削掉一點點蛋皮，製造一個平面的底，蛋才能穩穩地站在盤子上不會滑動。

桃屋辣醬是什麼？

日本的一款辣醬，不太辣，以大量的香料與蒜片調製而成，在日本是被定義為「拌飯醬」，但其實配菜、沾醬、拌麵都非常適合。任何菜只要加一小匙就能增加無限風味。

超完美荷包蛋

應該沒有人不喜歡邊緣煎得「恰恰」的緞帶荷包蛋吧？吃荷包蛋是個儀式，先用筷子把外緣一圈蛋白拆下，一點一點、分次慢慢地吃蛋白，花點時間享受脆脆的焦邊，別急著一口氣吃光它，因為光是蛋白就能配一大杯燒酎啊。然後、然後才是重頭戲，別急，先替自己倒好下一杯酒，把剩下那顆光滑、閃著黃澄澄光芒的蛋黃，整個送進口中，吞下去之前，趕緊再喝一大口酒，讓酒香混著蛋黃的濃郁感一同滑入喉頭。

完美。

〈材料〉

蛋…1顆

醬油或鹽…少許

烹調油…少許

〈做法〉

1 在平底鍋中下1大匙烹調油，熱鍋；但如果是不沾鍋，只需少少的油，如果是不鏽鋼鍋或鐵鍋，油就得多一些才不會沾黏。

2 蛋下鍋，一開始別急躁，不要動它，就讓蛋安安穩穩地在鍋內躺好即可。如果想用鹽調味，此刻就可以撒鹽了。

3 等蛋白漸漸凝結時，稍微用筷子或鍋鏟推一下邊，確認它沒有沾黏。如果想要緞帶焦邊，就在這個階段以中小火慢慢煎，也可視情況補一點油在蛋的邊緣，讓它有煎炸感，煎出你喜歡的酥脆邊緣即可。

法國｜Céranord St Amand 餐盤

4 如果想要純白無瑕的蛋白，在蛋白開始凝結時，就在鍋中加10㎖左右的水，立刻蓋上蓋子燜15秒左右，就能熄火裝盤。

5 如果之前沒有撒鹽，上桌時就淋點醬油。

〈TIPS〉

★延伸吃法：盛碗白飯，把荷蛋包鋪上去，淋稍多一點點的醬油，就立馬變身荷包蛋丼了。

一顆蛋也可以的歐姆蛋

不曉得大家對歐姆蛋有沒有這樣的共同印象？大廚豪氣地打下四顆蛋，加一堆鮮奶油一起打勻，唰～地下鍋，鍋內滋滋響著奶油泡泡，迅速地煎出一個肥厚的半熟蛋包，上面佐以一大匙番茄醬汁，畫面呈現美麗的紅黃對比。

你們一定有這樣的印象，因為大家都有看日本電視節目。

不過，四顆蛋真的太多了，早午餐還行，宵夜或下酒菜不需要這樣。我們用一顆蛋也能做到，口感不會差太多，只是份量少一些、身體負擔少一些。

〈材料〉

蛋：1顆
鹽：適量
胡椒：適量
奶油：1小塊
烹調油：少許

〈做法〉

1 建議用不沾平底鍋做。先在鍋中下一點一般的烹調油，再放入奶油一起熱鍋（只用奶油比較容易焦）。

2 倒入以鹽和胡椒打勻調味好的蛋液，趁著尚未開始凝結前，以筷子迅速在鍋中輕輕攪拌，這樣能打入少許空氣，讓蛋的口感比較蓬鬆輕盈。

3 過了10－15秒左右，蛋開始凝結時，從離自己比較遠的一端開始，把蛋朝自己的方向摺過來，變成半圓形，並推到鍋邊（如圖）。將鍋子傾斜，讓歐姆蛋這一側底部集中加熱，大約10秒，接著一鼓作氣翻到盤子上，用鍋鏟略整一下型即可。

〈TIPS〉

★延伸吃法：單吃就美味，但也可搭配番茄紅醬，或綠色蔬菜一起吃，或在蛋卷上放一小塊奶油，讓它慢慢融化成為醬汁，不過那就是肥上加肥，請自行評估。

週末的一杯

週末就該喝酒。

週末喝酒是這樣的，給自己一些空白時光，放空、發呆、什麼都不做也不思考，偶爾望向窗外的陽光或雨滴，然後靜靜的、自在的，為自己倒一杯酒。

這大約是我每到週末的固定儀式，為自己喝一杯。

週五出門上班前，
從酒櫃裡仔細挑一瓶想喝的酒，
紅酒、白酒或粉紅酒都好，放進冰箱冰著，
然後那一天整天，就是等下班。

那些工作上累積的情緒、疲憊、焦慮在此時統統拋開，只專注於眼前的一杯及幾碟小菜。這種時候，我會盡量多花點心思準備下酒菜，也多花點時間做較為費工、但可以冷藏保存三、五天的菜色，讓下一週的週間晚上也能即食。

所以這一篇的菜色，都是可做為常備菜的下酒菜，不如在週五晚上或週六白天製作，花點時間讓它入味，週六晚上就能歡喜開吃開喝，還能為下一週存一點喝酒本（？）

溏心蛋

如果你的手氣好，又掌握了煮蛋精髓，你就能煮出剛剛好五分熟的水煮蛋，再經過兩整天濃口高湯的洗禮，得到的會是表面染上淡醬油色的蛋，不像水煮蛋那樣純潔，蛋體又因為冷藏了一陣子而顯得堅挺，從它的肚子中央壓下去，沒有剛煮好時那麼柔軟，能感覺到微微的抵抗力。

不急，這時別急著一口吃掉它，先讓它在室溫待一會兒，讓蛋黃軟化後，再一刀劃下，深沉的汁液仍會流了一地。

這時你再吃它，吸乾它，它是你的了。

〈材料〉

蛋：4顆
日式高湯：足夠蓋過蛋的份量
醬油：適量
鹽：適量

〈做法〉

1 先準備日式高湯，並以醬油及鹽調味，要調得比正常的湯再鹹一些，放涼。

2 做水煮蛋，可視個人喜好決定熟度，我通常會準備五、六分熟的蛋（水煮蛋做法請參考44頁）。

3 蛋煮好立刻泡冰水，去殼，泡入冷高湯中至少2天入味。要吃的時候建議對切（切法參考上一章，45頁），可搭配一點點山葵、黃芥末或柚子胡椒享用。

〈TIPS〉

★ 如果想加熱再吃，建議先將蛋放

到室溫，熱一點高湯，把蛋放進去大約一到兩分鐘就取出，不要熱太久，不然就熟囉。

日式高湯要怎麼煮？

日式高湯是所有高湯中，熬煮所需時間最短的一種，所以我的日常飲食最常煮的就是它。不像雞高湯、牛骨高湯都需要至少一小時，日式高湯只需要二十分鐘不到即可完成，是趕時間的好幫手。

日本料理中正式的做法還會分為「一番高湯」與「二番高湯」，家用不需如此講究。只要準備乾昆布、鰹魚片或小魚乾，時間充裕時，昆布泡水一晚再熬煮而成；沒有時間的話，就先以中小火煮昆布及水，微滾時加入鰹魚片，立刻熄火，待所有鰹魚片都沉到鍋底後，再濾出使用。

即使這種做法已經相對簡單了，但大家還是想要更簡單的做法吧？其實有許多市販的日式高湯包，在日系超市都能找到，購買時只要挑選完全無添加的產品，將高湯包放入水中煮大約十到十五分鐘即可。

中里花子｜懷紙皿

牛筋燉蘿蔔

這道菜是漫畫《深夜食堂》中，店老闆常做的一道菜，算是關東煮的簡易版。一般關東煮只用日式高湯，但因為要燉牛筋，所以我混合牛骨高湯和日式高湯，牛肉味比較足。

日本料理中，有很多以高湯「浸漬」入味的菜餚，除了前面的溏心蛋外，關東煮是其中很代表性的一道。其實大部分的蔬菜，如果烹調時間超過四十分鐘，滋味都煮掉了，要讓根莖類蔬菜入味、又能保有本身的甜度及口感，最好的方式就是用浸泡的。別小看這單純又看似沒技巧的手法，這其中其實包含了最重要的烹調元素——時間。

〈材料〉

牛筋…500g
白蘿蔔…1根，去皮輪切
全熟紅番茄…2顆，對半切
牛骨高湯…1000㎖
日式高湯…1000㎖
七味粉…少許
蔥花…少許
鹽…少許
淡醬油…2大匙

〈做法〉

1 先準備高湯，建議使用牛骨高湯與日式高湯，如果沒有牛骨的話，也可用雞高湯代替，或是全用日式高湯亦可。

2 牛筋先以滾水燙過，再與對切的番茄一起放入高湯中，小火慢燉，以鹽及一點淡醬油調味。牛筋煮大約80–90分鐘後，加入白

蘿蔔續煮30分鐘左右，試試看牛筋是否都煮透，如果可用筷子輕易穿過即可熄火。

3 通常我們會看白蘿蔔是否轉透明，來判斷它有沒有煮透，煮30分鐘的白蘿蔔或許不會全體轉透明，但事實上已經熟了，就讓湯底的餘溫慢慢滲入吧。

4 建議整鍋放涼，冷藏一晚再吃，會更入味；趕時間的話，至少靜置2小時讓高湯滲入白蘿蔔中。吃前撒上蔥花，或七味粉。

〈TIPS〉

★牛筋燉蘿蔔也很適合加入白煮蛋，在放入白蘿蔔時同時加進去，一起燉煮入味。

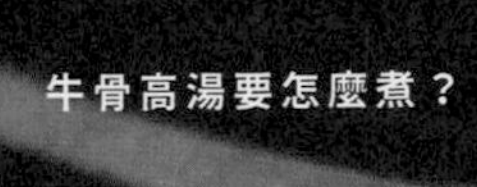

牛骨高湯要怎麼煮？

傳統市場的牛肉鋪上，通常可以買到牛骨，或能跟老闆要，不用錢。第一步先以滾水燙過，洗淨附在上面的雜質殘渣，再講究點，可送入一八〇度烤箱烤至金黃微焦、油脂滋滋作響後，與清水一同小火熬煮，大約需五十到六十分鐘左右。

牛骨若是烤過，煮出來的高湯色澤較深，也會帶香氣，但若沒烤直接煮，顏色則淺，味道也比較沒那麼濃郁。如果是做西式料理，誠心推薦大家務必先烤過，中式與日式就沒那麼關鍵，省時省事的方法，就是用大同電鍋、外鍋放兩杯水也行。

椒鹽毛豆

毛豆被稱為「啤酒好朋友」，絕對不是隨便說說，我還滿常在日本的平價居酒屋點一杯酒後，看到毛豆被當成附贈的下酒菜一起送上來。

從春天到盛夏，台灣本產的毛豆進入季節，新鮮、帶殼，毛毛的豆莢在傳統市場到處都是。當然你也可以買冷凍的毛豆，退冰即食，但相信我，只要做過下面這份食譜一次後，就再也不會想吃冷凍貨了。

〈材料〉

生的帶殼毛豆⋯300g
八角⋯1粒
花椒粒⋯大約20顆左右
麻油⋯1小匙
淡醬油⋯1.5大匙
粗鹽⋯少許
黑胡椒⋯1大匙

〈做法〉

1 燒一鍋水，放入八角與花椒，待水滾後加鹽(份量外，大約水的3%)，放入毛豆以中小火煮6－7分鐘。不要大滾，用小火煮較不會破皮。

2 煮熟後將毛豆瀝出，趁熱拌進粗鹽、大量黑胡椒、淡醬油與麻油，混拌均勻即可，但靜置至少1小時入味較美味。

〈TIPS〉

★放涼後可冷藏保存二到三天，但吃之前最好先拿出來室溫回溫，口感較佳。

磯煮小鮑魚

這算是一道高級料理喔。

小時候對鮑魚的印象不大好，總覺得在吃橡皮，又硬又沒味道，大概是車輪牌鮑魚造成我如此差的印象。長大後，也還吃過一、兩次車輪牌，每次我都在心中大喊：「這不是鮑魚!!」真正的鮑魚口感柔軟中帶Q，每嚼一下都釋出大海的氣味。

市場賣魚的攤上偶爾會看到活的小鮑魚（意思是手摸一下還會動，別買死的），每次看到我都會買，用稍濃口的高湯浸泡一、兩天，切片沾點鹽，與日本酒非常相配。

〈材料〉

新鮮小鮑魚…4顆

日式高湯…500㎖

淡醬油…適量

料理酒…適量

紫蘇葉…數片

〈做法〉

1 先處理小鮑魚，買回來應該是新鮮帶殼的（還活著）。燒一鍋滾水將鮑魚快燙15秒，燙過比較容易把殼取下。取下後，於鮑魚表面劃格子切紋，方便入味。

2 將日式高湯煮滾，加入料理酒並以淡醬油調味，要調得比一般直接喝的湯再鹹一些，這樣浸泡入味才會剛剛好。

3 將鮑魚放入調味好的高湯中，高湯的份量需蓋過鮑魚。以中小火煮，煮大約10－15分鐘熄火，就

這樣整鍋一起放涼，再裝入保鮮盒中冷藏。

4 至少冷藏一個晚上再吃較入味，在冰箱中可保存7天。

5 吃的時候鋪一片紫蘇葉或搭配嫩薑絲一起享用，也可以沾一點鹽或山葵提味。

肉豆腐

肉豆腐的重點是豆腐，不是肉，雖然「肉」寫在前面。

這道菜在傳統的日式居酒屋中算是定番，屬於一坐下來就可以先點的菜，因為店家會事先煮好，客人點單後只要盛盤就能上桌。大部分的店家會花時間仔細把牛肉煮得軟爛到入口即化的程度，目的是為了讓肉汁煮到醬汁中，再讓豆腐吸滿醬汁。如果有時間的話，也很推薦大家這麼做，或是放一天再吃，相信我，豆腐會成為你那天的救贖。

〈材料〉

牛五花肉薄片…200g
木綿豆腐…1塊
洋蔥…1/2顆，切絲
日式高湯…300mℓ（沒有的話就用清水，但有高湯的味道比較有深度）
淡醬油或日本高湯醬油…30mℓ
料理酒…30mℓ
蔥花…少許

〈做法〉

1 在鍋中放入日式高湯、淡醬油、料理酒同煮，煮滾放入洋蔥絲，軟化後放入牛肉片，全部牛肉都下鍋並煮熟後，再放入豆腐。

2 將豆腐埋在牛肉片中間，先大火煮滾，再轉小小火慢慢燉煮。湯汁應該要至少到豆腐高度的八成，如果湯汁太少，就加點水或

高湯。

3 煮20－30分即可，視入味狀況而定。盛盤時可撒上少許蔥花點綴。

〈**TIPS**〉

★如果你用的是非常好的牛肉，比如日本和牛薄片，不想浪費它的肉質將它煮過頭，那麼就煮熟先撈起，再放入豆腐。等豆腐燉入味後，再把肉放回鍋中。但這樣肉味不大夠，所以比較好的方式是，不要用太貴的肉。

★如果想讓醬汁更濃郁、更香，也可先將洋蔥炒軟，放入牛肉一起炒，炒出香氣後依序嗆入料理酒、淡醬油，最後加入日式高湯，煮滾撈浮泡後，再放入豆腐慢燉。這是做肉豆腐的另一方式，給大家參考。

油封雞心

油封是好東西，是每個酒鬼都該會的基本能力，它能延長食物的保存時間又能添加香氣風味，只要冰箱有一盒油封的whatever，就不用擔心沒有下酒菜。

雞心是我很喜歡拿來油封的食材，因為它容易取得，在內臟類中相對比較沒有腥味，一次封多一些起來，泡在油中冷藏保存七到十天沒問題。經過油封後，香料味會進入雞心中，也減低許多人不喜歡的內臟味。

〈材料〉

雞心…500g
鹽…10g
一般橄欖油…350－500㎖
（完整蓋過雞心的量）
月桂葉…2片
胡椒粒…20粒左右
西班牙紅椒粉…適量
大蒜…8瓣，去皮
新鮮義大利香芹（平葉）…1小把

〈做法〉

1 雞心清洗好後，以鹽醃1小時。
2 烤箱預熱到100度，將醃好的雞心放進一個可進烤箱的深盤或琺瑯盒中，加入月桂葉、大蒜、胡椒粒，再倒入橄欖油，橄欖油一定要完整蓋過雞心。放入烤箱油封3－4小時，雞心沒有滲出血水就可從烤箱取出。

什麼是油封？

油封是以一○○度以下的低溫，長時間烹調食材的手法。適合油封的食材很多元，肉類是其中大宗，特別是肉質比較堅韌或乾柴、需長時間烹煮的材料更適合，比如鴨腿、雞心、雞胗，海鮮類的鮪魚或鮭魚也可。

一般家庭內最方便的做法是使用烤箱，將溫度設定在八○到一○○度，烤箱能幫你維持恆溫，通常需時兩小時到甚至超過十小時不等，視食材而定。

如何處理雞心？

垂直對切，先把上方的組織切掉，就會看到心室內的血管和血，把血撥出來清掉，再沖水清洗擦乾即可。

3 剛封好時還沒入味，放涼後冷藏至少1天再吃。吃之前以小平底鍋中火加熱1－2分鐘，加熱同時可再補一些鹽、胡椒及西班牙紅椒粉，上桌前撒上切碎的義大利香芹。

茄汁白豆燉牛肚

在歐洲讀書的那段時間裡，曾與朋友一同造訪佛羅倫斯。窮學生的我們無法吃太多大餐，頂多晚餐時在不太貴的小餐廳坐下來吃份樸實的晚餐，午餐就隨便在街頭小攤或熟食店買著吃了。

某日，我們閒逛到佛羅倫斯中央市場外，被一股濃郁的紅醬香氣吸引，不自覺靠近香味的來源。一位胖大媽在一部攤車上賣起了燉牛肚，一份四．五歐。那時的我其實還不大敢吃內臟，但實在太香了，於是買一份兩人分食。結果我們大概在十分鐘內就連醬汁也一滴不剩、稀哩呼嚕吃光光了。

我就此愛上茄汁燉牛肚，大滿足。

〈材料〉

牛肚…1／2副
整粒番茄罐頭…2個
白豆罐頭…1個
洋蔥…1顆，切成末
胡蘿蔔…1根，切成丁
西洋芹…1根，切成丁
淡醬油…1大匙
雪莉酒醋…1小匙
白酒…100㎖
雞高湯或牛骨高湯…600㎖（或再多一點）
月桂葉…2片
乾百里香…1小匙
鹽…適量
黑胡椒…適量

〈做法〉

1 牛肚先以淡醋水煮約20分鐘，可去腥氣並軟化，煮好再切成適口小塊，同時預熱烤箱到150度。

2 大深鍋中放油熱鍋，炒洋蔥末、胡蘿蔔丁與芹菜丁，炒至軟化呈微微的金黃色後，放入牛肚。所有材料都翻炒沾上油後，加入白酒，把鍋底刮一刮。

3 白酒煮滾後加入整粒番茄罐頭、高湯，再次煮滾，去浮泡，以鹽、黑胡椒調味並加入月桂葉、乾百里香、淡醬油與雪莉酒醋提味。

4 送入烤箱，先烤1小時，再拉出來翻攪查看牛肚軟化的狀況（若太硬就再烤15－20分鐘）最後放在瓦斯爐上，加入白豆罐頭煮10分鐘左右即可。

〈TIPS〉

★若沒有烤箱，也可以全程在瓦斯爐上完成，不過要小心不要沾底，需時不時攪一下。當天吃比較不入味，最好是放涼、冷藏一夜，隔天最好吃。

加班到要死了，但明天還得上班的一杯

「啊，真要命，居然已經是這種時間了……」

「快回家早點睡吧。」

加班的夜晚，好不容易回到家，已經快十一點了，明天還得早起上班，這時就該快去洗洗睡了吧。但轉念一想，難道要帶著一身沒散掉的疲憊與煩躁去睡嗎？

加班完不就該為辛苦的自己喝一杯嗎？

走進廚房，打開冰箱，看著冰箱透出空盪盪的光線，突然一陣悲從中來。「為什麼連想要喝一杯都沒有下酒菜！」這個故事告訴我們，家裡隨時要有一點常備菜，免得要喝酒時什麼都沒有，很空虛，再不濟，至少要有幾罐鮪魚或沙丁魚罐頭。

不知道罐頭可以變出什麼嗎？別擔心，我教你。這一篇，我們來做用現成材料就能在十分鐘完成的料理，以及用簡單的材料快速上桌的下酒菜，獻給每一個加班到要死的夜晚。

茶碗蒸

茶碗蒸，也稱「蒸蛋」，是很平常的家庭料理，應該大家都曾在家中餐桌吃到過吧？日本料理也幾乎都有這道菜，很適合小朋友吃。

如此家常的菜，說來也妙，居然是最多朋友問我配方的菜。因為它說簡單是真的很簡單，但要做出細滑軟嫩、口感又不硬的茶碗蒸，卻是不簡單，除了蛋液與高湯比例抓得好外，蒸的時間更是關鍵。

〈材料〉

蒸蛋

蛋…2顆（約100g）
高湯…200㎖
淡醬油…1小匙
鹽…少許

芡汁

金針菇…1小束
高湯…60㎖
太白粉…少許

〈做法〉

1 將蛋與高湯混合拌勻，不需打到起泡，以鹽和淡醬油調味。

2 過篩後倒入四個容量75㎖的茶碗蒸小杯裡，加蓋，或是包上保鮮膜。

3 放進大同電鍋以0.2杯水蒸，電鍋跳起後燜3分鐘取出（如果是在爐台上蒸，就以中小火蒸6－7分鐘左右）。

4 如果要加**芡汁**，就趁蒸的時候準備。在小鍋中煮高湯及金針菇，煮滾倒入太白粉水，邊倒邊攪拌成濃稠狀，再澆在茶碗蒸表面。

茶碗蒸要用什麼高湯最適合？

沒有最適合，只有最喜歡。一般來說，我會用日式高湯，但其實雞高湯、蔬菜高湯甚至是泡開乾香菇的水都很適合，茶碗蒸雖然會有蛋香，但基本上用什麼高湯就會呈現怎樣的風味，所以可自己決定。

茶碗蒸有什麼變化版嗎？

當然有。茶碗蒸可以熱食，但也可以冷食。蒸好放涼後放入冰箱冷藏，非常適合夏天享用。淋上芡汁能增加茶碗蒸口感的豐富度，比如這裡寫的金針菇芡汁。

也可以在其中加料，很多媽媽會放魚板、蛤蜊、香菇或是雞肉，都適合。只是我們這裡的版本是小份量的，所以要放料的話，以兩種為限，不然就太擠了。

鰹魚醬油拌豆腐

冷豆腐是日本居酒屋的常備款，大約是每家居酒屋都有的菜色，如果你在菜單上看到「冷奴」，就是指冷豆腐。或許你會覺得不就是豆腐加醬油，有什麼特別嗎？真的可以下酒嗎？當然沒問題，好的豆腐豆香濃密，優質的釀造醬油略帶甘甜，又更襯托出豆腐的口感和風味，是清涼的夏日酒餚。

〈材料〉

日式嫩豆腐或板豆腐⋯1塊

鰹魚片⋯1小把

蔥花⋯1大匙

白芝麻⋯1小匙

你真心很喜歡的好醬油⋯1大匙

〈做法〉

1 如果準備的是板豆腐，先將外皮削掉，只保留內部軟嫩的地方。

2 在豆腐上隨興放入蔥花、鰹魚片與白芝麻，醬油則找一個可愛的小醬油瓶或醬汁盅裝起來，同時送上，吃之前再加。

冷豆腐還可以有什麼變化？

這裡介紹的是基本吃法，但變化其實很多，以下列出幾個組合，歡迎大家試試：

1 薑泥＋高湯醬油
2 番茄丁＋海鹽＋初榨橄欖油
3 炒香的吻仔魚＋檸檬角自己擠
4 洋蔥絲＋和風沙拉醬
5 醬油漬蛋黃（請參考124頁）

中村惠子｜唐津燒｜五寸皿

SARDINES IN OLIVE OIL
SARDINES À L'HUILE D'OLIVE
PORTHOS
NET WT
4.4oz
125g
SINCE 1912
NET WT
4.4oz
125g
SINCE 1912

蒜烤油漬沙丁魚罐頭

我家食材櫃裡隨時有三種罐頭：鮪魚罐頭、鱈魚肝罐頭和沙丁魚罐頭，被我稱為海味罐頭三寶。這道菜超簡單，當我夜深才突然想喝一杯時，常常派它上場，步驟不過就是打開罐頭、裝入耐熱容器、切大蒜與送進烤箱而已，跟白酒真的很搭噢。

〈材料〉

油漬沙丁魚罐頭…1罐
大蒜…3瓣
法國麵包…數片

〈做法〉

1 預熱烤箱至180度。

2 將沙丁魚自罐頭內取出，放入可進烤箱的容器內，將蒜切薄片並鋪滿沙丁魚上，盡量讓它們都浸到油。送進烤箱烤15－20分，烤到表面起泡、蒜片轉金黃或滋滋作響即可。

3 可將沙丁魚鋪在烤過的法國麵包片上一起享用。

涼拌鱈魚肝

我對魚肝一直都有點抗拒，直到有一天看到臉友Mina在她的粉絲團「HM食堂」做了這道菜，覺得很心動。成品非常美味，說魚肝完全沒有一點腥味是騙人的，但重點在於如何用其他食材巧妙引出鮮甜海味並蓋過腥味，如果你要找一道適合配日本酒或酸度較高的白酒，它就是你的極品下酒菜。

〈材料〉

鱈魚肝罐頭…1罐
洋蔥…1／4顆份，切成細末
蘿蔔泥…3大匙
市販沙拉醬或自製和風沙拉醬…1.5大匙
蔥花…少許
黃檸檬汁…少許

〈做法〉

1 準備要裝盛的小碟，先在底部舀入1大匙蘿蔔泥，放入鱈魚肝塊，再鋪上剩下的白蘿蔔泥，接著放上細洋蔥末。

2 淋上和風沙拉醬，最後撒點蔥花即完成，可以再擠一點檸檬汁一起享用。

沙拉醬要怎樣調？

沙拉醬的兩項基本元素是油脂和酸，在這兩者的基礎上可以依自己喜好加入其他調味料，如鹽、胡椒、香料、果醬、芥末醬、醬油、蜂蜜、山葵，甚至味噌都行。

一般來說，西式的基礎沙拉醬會用1：3的醋和油，再加鹽與胡椒調成。和風沙拉醬會以檸檬汁或是白醋做為酸性元素，加入蔬菜油、少量的麻油、芝麻，以及淡味醬油或高湯醬油，增加日式的元素在內，就成為和風沙拉醬。

這個食譜推薦用和風沙拉醬，也可直接購買市面上的現成沙拉醬。

鮪魚蘿蔔絲沙拉

有回在家請客，我做了涼拌鱈魚肝。其中有位朋友不吃鱈魚肝，問我能用什麼東西代替鱈魚肝罐頭，於是我試著用最常見的鮪魚罐頭來做，成果非常好。我不想再加洋蔥，想換個口味，於是靈機一動改用蘿蔔絲，沒想到意外地搭，不敢吃鱈魚肝的朋友可以試試。

〈材料〉

油漬鮪魚罐頭…1罐

白蘿蔔…1小截，刨成絲

市販沙拉醬或自製和風沙拉醬…2大匙

黑胡椒…少許

鹽…少許

紫蘇葉…1片

檸檬角…1個

白芝麻…1小匙

〈做法〉

1 白蘿蔔刨絲，或用切的也可，加鹽搓一搓，將出的汁液擠掉。

2 鮪魚罐頭打開，將漬的油瀝掉，用筷子或叉子將鮪魚剝鬆，加一點黑胡椒調味。

3 在小缽中鋪上紫蘇葉與鮪魚，再放蘿蔔絲，最後淋上沙拉醬，擠一點檸檬、撒上白芝麻醬即成。

奶油煎牛排

有些深夜，會突然很想吃大塊的肉，比如牛排。

大部分的超市都有賣牛肉，許多冷藏牛排在晚上快打烊的時段會特價，甚至下殺五折，跟生魚片一樣。所以下班回家前，逛逛超市真的是個好選擇。

很多人會猶豫要買哪個部位好，我自己最喜歡帶點油脂的肋眼；喜歡非常軟嫩口感的話，可以選菲力；想吃骨邊肉或帶筋的肉，可以選牛小排。

牛排是我很喜歡的肉料理，好的牛排不複雜，不需要多餘的料理花招，不用醬汁，直球出擊，煎到喜歡的熟度就可上桌，絕對是懶人料理。

〈材料〉

牛排…1塊（厚度2公分）

奶油…1塊

鹽…適量

胡椒…適量

黃芥末醬…適量

〈做法〉

1 牛排務必先完全退冰，並放到室溫（超市買回來如果立刻要吃，就不要再冷藏了）。

2 把你的抽油煙機開到最大，熱鍋，放入一點烹調油與1大塊奶油，要熱到冒煙那種熱度才行（只用奶油比較容易焦，所以也放一點一般油）。

3 在牛排的兩面撒上大量的鹽和胡椒，不用擔心鹽過量，因為在烹調過程中，很多鹽其實會掉落，並不會全進你肚裡。如果沒有足

夠的鹽，是帶不出肉香的。

4 鍋熱好後牛排下鍋，第一面煎3分鐘後，翻面再煎2分鐘，這樣大約是五分熟；再翻一次面各再煎1分鐘，大約會到六、七分熟。這些時間只是大約，畢竟還是要看牛排的厚度而定，可以用手指壓壓看，壓起來的觸感愈軟愈生。

5 起鍋後，在盤子裡靜置5－6分鐘，讓肉汁回到肉的中心，這樣切下去才不會流失。

6 吃的時候，可以再視情況加點鹽、胡椒或黃芥末醬。

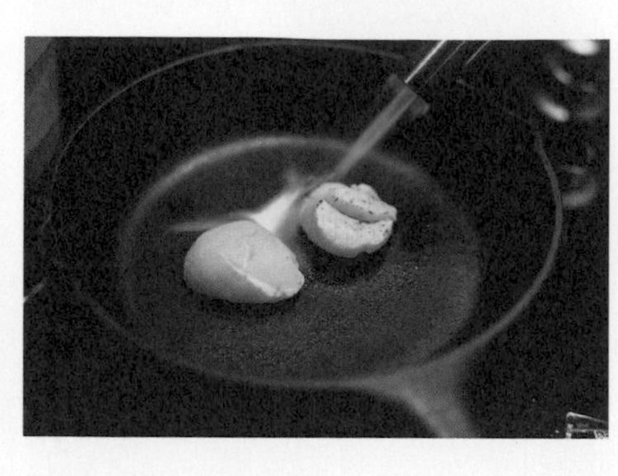

現成生魚片大變身

炙燒干貝／柑橘海鮮沙拉

前面提到，很多超市的牛排在每天晚上八點鐘後、甚至七點鐘後，就會開始打折，愈晚折扣愈多。不只牛排，生魚片也是，因為生食是有時效性的，隔天完全無法賣，所以當然會盡量促銷出清。加完班回家前，不如到超市繞一圈，有時候可以找到不少便宜好貨喔。

但總不能每次都沾山葵醬油吃，即使是生魚片也是會膩的呀，這裡來介紹兩種變化吃法。

炙燒干貝

〈材料〉

可生食干貝…4顆

醬油…少許

味付海苔…4片

〈做法〉

1 用噴槍炙燒干貝兩面，再刷上醬油。

2 如果剛好有紫蘇（生魚片的盒內，常常有兩片墊底用的），在海苔內先放上紫蘇葉，再放干貝，夾起來吃能增加香氣。

〈TIPS〉

★如果家中沒有噴槍，也可直接將干貝與黃檸檬切薄片後，擠上黃檸檬汁、撒一點鹽與切碎的紫蘇葉，做成「干貝塔塔」即食（如本頁左上圖）。

柑橘海鮮沙拉

〈材料〉

生魚片（白肉魚、鮪魚赤身、干貝、甜蝦皆可）…8－10片

黃檸檬…1／3顆

香吉士…1／3顆

洋蔥…1／4顆

市販沙拉醬或自製和風沙拉醬…1.5大匙

〈做法〉

1 將生魚片切一口大小，黃檸檬先對切再切薄片，香吉士去皮後切塊，洋蔥切絲。

2 將所有材料混合，並加入沙拉醬即可。

4

節慶的一杯

多くの祭り（フェト）のために。

村上春樹在《挪威的森林》的扉頁上，寫了這句「獻給每一個節慶」。祭り還特別標上了讀音「フェト」，fête。這個法文字有節慶、節日、慶典，甚至宴席的意思。

我很喜歡這句話，「每一個節

就像一場儀式，
水晶酒杯、
藍卉法國古董盤和銀製刀叉，
鋪排一桌的華麗。

慶」。對我來說，是不是fête，完全在於自己的心境，只要我想要，日日皆節慶，再平常的日子都可以是一場fête，每天都能當成節日來過。所以我不將就，就算只是日常的兩人晚餐或深夜小酌，我也當成一場宴席來安排，可以簡單，但不簡陋隨便，拿出心愛的餐具，仔細漂亮地裝盤，再為彼此倒一杯酒。

然後，敬每一個平凡的節慶。

蘆筍與半熟玉子佐自製美乃滋

有一道法國傳統菜是以美乃滋配水煮蛋，半熟的或全熟的都可，重點在於要用美乃滋裹滿整顆蛋，蛋上加蛋，非常療癒。

「美食作家亞曼達・赫瑟爾說，有一回她與茱莉亞・柴爾德共進午餐，只見茱莉亞點了美乃滋水煮蛋，吃得津津有味，一臉欣喜。」

第一次在書上讀到這段話時，短短的兩行文字，卻無比勾動我。我幾乎從桌前跳起，打開冰箱拿出蛋、橄欖油、大缽和攪拌器，義無反顧地開始打美乃滋，我也想要那股「一臉欣喜」。

對這個畫面的強烈想望讓我想自製美乃滋，但是我不想吃美乃滋水煮蛋，我想做稍微清爽的菜，於是想出這道菜，以水煮蘆筍和半熟水煮蛋來配自家製美乃滋。這道菜

〈材料〉

美乃滋

蛋黃…2顆
橄欖油…100mℓ
鹽…少許
黑胡椒…少許
黃檸檬汁…10mℓ
黃檸檬皮…少許
白酒醋…數滴

蘆筍與半熟玉子本體

蘆筍…4根
蛋…1顆
鹽…適量
胡椒…適量
橄欖油…適量

再平凡不過，不是水煮就是單純的攪拌，調味也只有鹽、胡椒與少許的檸檬汁。我常常在週六做這道菜當輕簡的午餐，然後開一瓶冰透的Cloudy Bay Sauvignon Blanc，美好。

〈做法〉

美乃滋

1 先把蛋白蛋黃分開，只取蛋黃並將其與鹽攪拌均勻，再慢慢加入橄欖油。一開始只先加1滴、2滴，同時持續攪拌，待油與蛋黃充分融合後再繼續加。千萬急不得，就是得慢慢來、慢慢加，而且要一邊加一邊攪拌。可以試著左手加油，右手攪拌。

2 加了一半的橄欖油後，擠點檸檬汁，如果覺得太濃稠也可以加一點點水（份量外）再繼續打入橄欖油。

3 重點是打到喜歡的口感和稠度，總共加了多少油倒不是重點。打到絲綢滑順綿密的狀態時，試味道，磨黑胡椒，磨檸檬皮，滴白酒醋，看看需不需要再補點鹽。

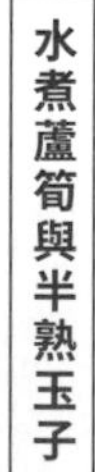

1. 先煮白煮蛋。在一小鍋中放入冷水與蛋，水的高度必須蓋過蛋至少2公分。以大火煮，煮滾後熄火加蓋燜4分鐘，把蛋拿出來沖冷水剝殼。
2. 另一鍋燙蘆筍。蘆筍事先削皮去尾，鍋裡的水燒滾後放一大匙鹽，再放入蘆筍。煮的時間長短與蘆筍的粗細有關，一般來說，白蘆筍需要煮比較久，軟一點比較好吃，綠蘆筍則是剛剛好熟了即可，保留一點口感。原則上煮到略為呈透明狀即可。
3. 蘆筍撈起後，放上切半的白煮蛋，以鹽、胡椒及橄欖油調味，並搭配美乃滋一起吃。如果不喜歡美乃滋，也可以只撒一點鹽、胡椒、橄欖油與檸檬汁，是另一種風味。

白蘭地雞肝醬與無花果

我的雞肝醬一絕。

吃過的朋友、家人，還有上過我料理課的學生應該都會同意。那大概是點播率最高的一道宴客菜，當前菜非常好，大器，低調，但隱隱帶著跳脫常規的華麗，因為是內臟料理，也不是什麼平日餐桌會有的菜。

雞肝醬灰中透粉的顏色，稠稠綿綿，上頭撒了大粒粗鹽和西班牙紅椒粉，一旁堆著一疊法棍切片，切片的無花果。讓大家自己動手，用奶油刮刀挖起實實在在的一大匙，抹在麵包上，和著無花果一起咬下，再啜一口Pinot Noir。

然後，你就收服一桌朋友的心。

〈材料〉

雞肝：300g　鹽：適量
洋蔥：1/3顆　胡椒：適量
室溫奶油：40g
鮮奶油：30㎖
肉荳蔻粉：1小匙
肉桂粉：1小匙
紅椒粉：1.5小匙
白蘭地：1大匙
波特酒：2大匙
雪莉酒醋或紅酒醋：數滴

〈做法〉

1 雞肝提前處理，將上面的筋膜、雜質、血絲修掉，洗淨。如果有時間的話，泡一整夜的牛奶去腥。時間不夠也盡量泡個2、3小時。

2 洋蔥切末，奶油放到室溫軟化。

3 在平底鍋中下一點油，先炒洋蔥末，炒到金黃透明後，先盛起來備用。

4 同鍋繼續炒雞肝，炒到五、六分熟，內部還是軟嫩、粉紅色的程度時，加入白蘭地與波特酒很快翻幾下，讓酒精燒掉，以鹽、胡椒調味，熄火盛出。

5 準備食物處理器或手持攪拌棒，放入炒過的雞肝、洋蔥，先慢速打，大略打碎後，一小塊、一小塊加入軟化的奶油，繼續打勻成糊狀。

6 調味道，加入其他所有香料（肉荳蔻粉、肉桂粉、紅椒粉）、雪莉酒醋、鮮奶油，再攪拌一下，這時應該會柔軟滑順很多，試試看味道，看看需不需要補點鹽或香料。

7 可搭配法國麵包、無花果或莓果類果醬享用。

檸檬油漬蝦

這道菜最迷人的時刻，我覺得是在密封玻璃罐裡。

我的想法跟很多人不一樣，菜不能只有好吃，也必須要好看。橘紅的蝦仁、黃色的檸檬、白色的洋蔥絲與暗綠色的月桂葉，統統密密實實地擠在一個Weck玻璃罐中，五顏六色，一眼望去多美，若是家裡廚房檯面能擺著一排各色自製罐頭，看著也開心。當然，也絕對好吃。

〈材料〉

蝦仁：12隻
洋蔥：1／4顆
黃檸檬：1／2顆
大蒜：1瓣
月桂葉：1片
乾辣椒：少許
黑胡椒粒：10－12顆
鹽：少許
橄欖油：適量

〈做法〉

1 洋蔥切細絲，檸檬輪切薄片，大蒜切片。

2 蝦子剝殼後洗淨（用大量份量外太白粉和鹽一起搓洗，再以水沖掉，重覆2次），滾水燙熟後，立刻泡入冰水中冷卻，這樣蝦肉才會緊實，取出用紙巾擦乾。

3 準備一個乾淨的密封罐，裡頭不能有任何水分或髒汙。

4 在乾淨的密封罐中，一層層疊入黃檸檬、洋蔥、蒜片、蝦仁及

英國｜H.Aynsley & Co. Ltd｜Copenhagen系列點心盤

香料（黑胡椒粒、月桂葉、乾辣椒），最後再倒入橄欖油，油的份量務必蓋住所有的材料，在冰箱醃漬至少一晚即可。

〈TIPS〉

★乾燥或新鮮的香料不拘，我習慣用月桂葉、黑胡椒和義大利乾辣椒，但也可加蒔蘿、百里香等，沒有香料只有洋蔥、檸檬、大蒜也行；乾辣椒也可用新鮮的取代。有其他變化，如透抽、干貝、小卷、小章魚等；油全部蓋過海鮮，醃漬足四十八小時，在冰箱中可放三到四天。

★時間許可的話，在吃之前提早一小時從冰箱裡取出，恢復至室溫。可準備切片的法國麵包與生菜，就是美觀美味的油漬蝦三明治；也可做成份量小而體面的宴客開胃菜。

如何消毒密封罐？

有幾種不同的方式。簡單版是將罐子洗淨後，以可食用消毒用酒精噴灑表面，讓它揮發擦乾即可；另一種方式是將整個瓶子放入一鍋滾水中，至少煮五分鐘，再以烘碗機烘乾。

紫蘇鮭魚卵高湯凍

我已經忘記當初是怎樣想出這道菜的了，大約是某次在日本料亭吃到調味過的高湯凍，冰冰涼涼很好吃，決定試著把它跟生食的海鮮搭在一起。

跟奶酪或布丁一樣，高湯凍我也偏好非常軟嫩的口感，最好入口即化，所以我通常把吉利丁的比例壓到很低。我喜歡用叉子把高湯凍劃開，拌得碎碎的，再配上口感接近的海膽或鮭魚卵，透心冰涼，輕鬆滑入喉嚨。

高湯凍其實就是半固體的醬汁，為鮭魚卵或其他魚生提味，最後擠上幾滴檸檬或金桔；不想吃海鮮的話，我也做過直接淋在蔬菜上的版本，也是美味。哪天請客時端出這道當前菜吧，華麗又大盤，你家就是割烹。

〈材料〉

日式高湯⋯400㎖
淡醬油⋯少許
鹽⋯少許
吉利丁片⋯5.2g
鮭魚卵⋯適量
新鮮紫蘇葉⋯4片
綠色小金桔或檸檬⋯4小片

〈做法〉

1 煮高湯，並以淡醬油、鹽調味。試吃一下，調到喜歡的濃淡即可。

2 高湯先維持小小火不要關，將吉利丁片浸泡在冷開水中，大約40−50秒，軟化後取出放入高湯中，仔細攪拌開，確定全都溶解後即可熄火。

3 放涼後冷藏至少6小時定型。

4 要吃之前再裝盤，先鋪上紫蘇葉，舀入幾匙高湯凍，再鋪上鮭魚卵，旁邊放半顆小金桔或切成扇形的黃檸檬。

5 這道菜可以搭配很多種海鮮，海膽、鮭魚卵、蟹肉、生食甜蝦、生食干貝（切片），當然也可以雙拼或三拼。

高湯凍的吉利丁比例

以前曾經有位熟識的甜點師傅跟我說過，傳統義式奶酪的吉利丁比例是每100㎖的液體，配1.5g的吉利丁，做出來很細滑軟嫩，我覺得若是要從模子裡翻出來，應該不容易。不過我一直把這個比例放在心上，之後每次做需要加吉利丁的料理時，會在心中衡量我想要的軟硬度是如何。

以高湯凍來說，我覺得最完美的比例是100：1.2或1.3，也就是每100㎖的高湯，對上1.2到1.3g的吉利丁。這樣做出來的高湯凍，顫顫巍巍，幾乎能用滑地入口，且入口即化。不大可能從模型裡翻出來，所以比較適合挖出來鋪在小巧的容器上享用。

巴斯克風番茄漬干貝

這是來自旅行的靈感。

二〇一八年在西班牙巴斯克一家一星餐廳裡吃到讓我非常驚豔的前菜。用番茄和洋蔥泥醃漬的明蝦，蝦子只燙到半熟，切大塊，靠檸檬汁的酸度繼續烹煮它，端上桌時熟度就是漂亮的九分熟，帶點微微的透明感，當然，一定要非常新鮮的海鮮才能這樣做。

回到台灣後我一直很想重現這道菜，但不容易買到品質非常滿意的可生食明蝦，索性改用干貝來做，也很棒。

〈材料〉

生食等級干貝…6顆
全熟番茄…1小顆
洋蔥…1/8顆，
黃檸檬汁…1/2顆份
橄欖油…適量
鹽…適量
胡椒…適量
義大利香芹…1小束

〈做法〉

1 番茄去皮。在番茄的底部以刀劃十字，不要切到太多番茄肉，放入滾水中燙一下，待番茄皮快脫落時即可撈起去皮切。

2 用食物處理機將番茄及洋蔥打碎但不成泥，再加入鹽、胡椒、黃檸檬汁、橄欖油調味，可以調得略重些，成為番茄泥。

3 可生食的干貝以滾水燙至三分

熟，一片為二，以剛才做好的番茄泥醃漬至少1小時讓它入味，至多可以隔夜再吃。

4 上桌時撒一些切細的義大利香芹。

〈TIPS〉

★洋蔥與番茄的比例上，洋蔥的味道重，有點搶戲，我試過幾次，覺得一份的洋蔥對上四份的番茄是差不多平衡的味道，想要洋蔥味強一些，就自己調整比例；但也需要斟酌番茄與洋蔥的產地與大小，總之，做菜隨興點，試著調整直到自己喜歡的味道吧！

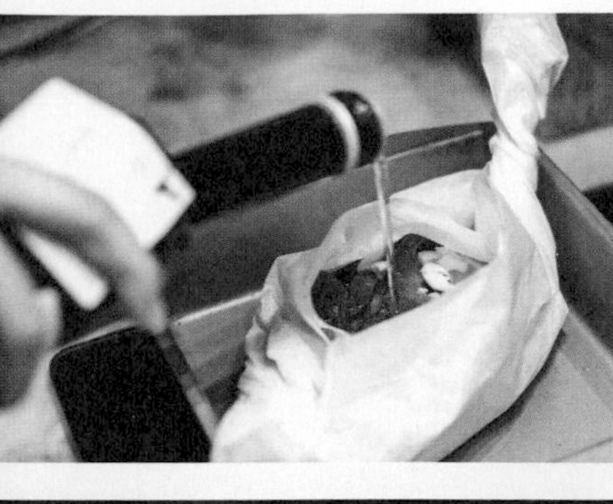

紙包烤蝦與小番茄

紙包是很方便的烹調法，不只可以烤蝦，也可以烤魚、烤菇、烤根莖類蔬菜。以烘焙紙包起後，食材的水分鎖在裡頭，會有類似半蒸烤的效果，這樣烤出來的食物口感恰好，不乾不柴，非常美味。

但這道菜最大的優點及賣點，我覺得是不用刷鍋子。

〈材料〉

蝦（大白蝦、藍鑽蝦、紅蝦或明蝦皆可）…6－8隻
半乾番茄…20瓣
大蒜…4瓣
黃檸檬半圓片…5－6片
義大利香芹…1株，切成末
鹽…少許
胡椒…少許
白酒…適量
橄欖油…適量

〈做法〉

1 烤箱預熱至180度；大蝦去泥腸，剪掉觸鬚；大蒜拍開、切細末；黃檸檬切半圓片。

2 在雙層烘焙紙中排入蝦、蒜末、半乾番茄、檸檬片，以鹽和胡椒調味。先將烘焙紙的兩端像糖果紙般捲起，從中間的縫中加入適量白酒與橄欖油，裹緊，烤15－

半乾番茄怎麼做？

將小番茄對切，不重疊地平鋪在烤盤上，以一○○到一二○度烤兩小時半到三小時，烤到半乾。以保鮮膜或保鮮小盒子分裝冷凍，可保存數個月，或也可泡在橄欖油中，做成油漬半乾番茄。做各種燉烤、烤箱料理或沙拉時，都能增加一些酸甜風味，運用方便。

18分左右。

3 烤熟後，撒上義大利香芹末，補一點現磨胡椒即可。

〈TIPS〉

★鋪上雙層烘焙紙，是為了避免食材高溫烘烤後，流出的水分將烘焙紙弄濕弄破。

★紙包烤物的料理變化：

・奶油鮭魚烤菇：鮭魚片兩面抹鹽及胡椒，放入紙包內，上面放一塊奶油與一把喜歡的菇類（鴻喜菇、美白菇或金針菇都很搭），磨一點黑胡椒，再包起來烤。

・烤檸檬魚：魚清洗乾淨並擦乾，兩面抹鹽及黑胡椒，放入紙包內，在魚上面排上黃檸檬薄片，淋一點橄欖油再包起來烤。

・中式吃法：不論是烤蝦、烤魚或烤菇類，只要把調味換成淡醬油、薑蒜與一點麻油，馬上就成了中式口味。

菲菲的羊小排

菲菲是我的好朋友，大概是最好的那一種。

他非常喜歡吃羊肉，不曉得是不是因為家人都不吃羊，四周也沒什麼朋友吃羊肉的緣故，他總是吵著要我做各種羊肉料理給他吃，但是我自己也完全不吃羊肉啊，簡直強人所難。

但看在多年老朋友一場的份上，在他吵鬧一整年後，每年年底我會辦一場菲菲專屬的尾牙，做一道羊肉料理給他吃（而且我本人完全無法試味道），這是我最常做的一道，很簡單，只要買到品質好的羊小排就萬無一失，即使不試味道也不會失手，如果你也有一位愛吃羊肉的朋友，請務必做做看。

我覺得菲菲應該要滿足了，因為我寫了一本食譜，只有他得到一則專屬於他的菜色，其他人都沒有。

〈材料〉

羊小排…4支

鹽…適量

胡椒…適量

紅酒或瑪薩拉酒…1－2大匙

〈做法〉

1 羊小排放至室溫，在兩面撒上鹽與胡椒。

2 熱鍋，下點烹調油，油熱後將羊小排放入煎香，每面煎1.5到2分鐘左右。加入紅酒，因為鍋很熱，所以會快速蒸發，迅速把羊肉在醬汁上沾一沾、滾一滾，這樣煎出來約是六分熟，切開可見漂亮的粉紅色；若想更熟一點就再多煎30秒。

〈TIPS〉

★可以搭配一點柑橘或莓果果醬來吃，當然若有可以去除羊肉腥羶的薄荷醬也挺好。

5 被小人陰了的一杯

每個人都有低潮，畢竟人生不如意事，十有八九。

想想誰四周沒有小人呢？小人無所不在，在公司茶水間的耳語，在老闆小房間裡的閉門會議，在你背後的不知名暗箭，在LINE群組裡的閒話。小人大概身子骨特別小，什麼縫隙都能鑽，什麼環境都能生存。

岡本純一｜花邊皿

所以，我們要自強。被小人陰了的時候，除了在同溫層裡取暖，至少應該學會幾道療癒菜，做給自己吃，安定身心，強壯體魄，才能抵抗外辱。

療癒食物的存在真的有其必要，必要時，它能救命保身。別聽人家說什麼不要喝悶酒的鬼話，悶的時候就是要好好喝一杯，配點像樣的下酒菜，才能把灰色情緒一掃而空。

高湯蛋卷

高湯蛋卷，是我在日本許多小料亭或居酒屋都會點的一品料理，因為它是測試一家店功力以及用料的指標。

完美的高湯蛋卷，表面不能帶一絲焦色，一定是純淨的鵝黃；以筷子輕輕按壓，湯汁立刻從層層毛細孔中滿出，配著生蘿蔔泥與幾滴醬油一起送進嘴裡，蛋的濃郁及昆布鰹魚香在口中化開，「啊，是好蛋無誤啊！」

是否療癒？我覺得挺療癒的。

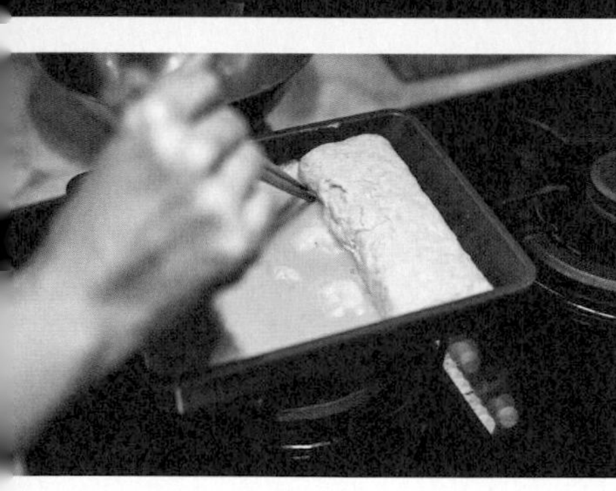

〈材料〉

蛋…3顆

日式高湯…60㎖

鹽…少許

淡醬油…1小匙

〈做法〉

1 準備蛋汁，將蛋打散、打勻，加入日式高湯、淡醬油和鹽。

2 開中火，在平底鍋或玉子燒鍋裡倒一點油，以筷子夾一張廚房紙巾，沾著油擦拭鍋面，確保整個鍋都塗上薄薄一層油。

3 待鍋熱了後，倒入1／4的蛋汁，搖晃鍋子，讓蛋汁平均分布在鍋中，以筷子快速略為攪拌，讓蛋的表面有點皺皺的。攪拌2－3秒左右即停下，讓蛋汁凝結到六、七分熟，再用鍋鏟從鍋子的一頭捲到另一頭（我習慣

從遠端往自己這頭捲)。捲的時候要輕巧,可以一手持木鏟一手拿筷子幫忙,比較好捲。

4 捲到鍋子的一邊後,以剛才擦過鍋底的沾油紙巾,再次抹過鍋底補油。

5 接著,與前一回相同,倒進蛋汁。不同的是,要用筷子把已經捲起來的蛋卷稍微拉起來,讓蛋汁也流進它的下方,才能讓兩者黏著。然後再次把蛋卷順著捲過去,成為更厚實的一捲。

6 重覆此動作1－2次,或直到蛋汁用完。通常3顆蛋可以捲3－4次左右。

7 捲好後倒出來裝盤,趁熱上桌。

高湯蛋卷的關鍵是什麼呢？

其實是速度。

做蛋卷不能太慢，火不能太小，若是煎的時間太長，蛋都老了，所以務必要動作輕柔快速，趁著蛋七分熟的軟嫩就把它捲起來。我覺得大家做不好日式蛋卷，問題不在於技術，而在於沒有信心，愈是害怕就捲愈慢，蛋就愈老，甚至變成蛋皮卷。

很多人把高湯蛋卷跟玉子燒搞混了，其實它們是不同的菜。最大的差異在於，高湯蛋卷加了日式高湯，口感軟嫩綿密，一咬下去湯汁就流了出來，因此高湯的風味決定了蛋卷的味道，必須趁熱享用。玉子燒則沒有加高湯，或只加一點點，以鹽、糖調味，最多再補一些淡醬油，口感比高湯蛋卷稍硬，一般在日本鐵路便當或日本媽媽的愛心便當裡會看到的，冷食也好吃。

添加高湯的蛋汁較稀，所以不大好煎，翻面時一不小心就破了；而且高湯蛋卷的調味很單純，只有蛋、高湯、鹽和一點淡醬油，是道吃原味的菜。因此火候好不好、蛋好不好、高湯好不好，一口見真章。

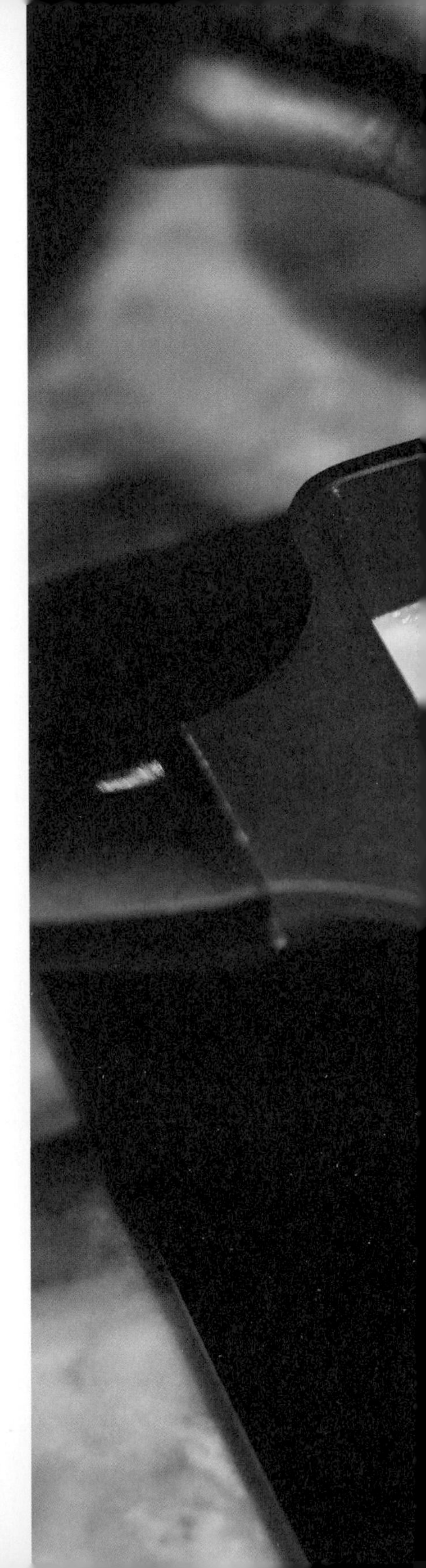

地獄烤蛋

心情不好的時候，常常會不自覺想胡亂吃油炸食物或澱粉吧？我也是。

這道烤蛋可以讓大家用比較健康（一點點）的方式吃澱粉。你說這不是蛋跟紅醬嗎，哪來的澱粉？傻孩子，吃烤蛋當然要拿麵包好好沾著大口吃啊，半熟蛋跟所有澱粉都搭，保證你一口接一口，停不下來，一回神半條法國麵包就不見了。

所以說，比較健康的方式還是很重要的。

〈材料〉

基礎番茄醬汁…50㎖

蛋…1顆

西班牙紅椒粉…適量

鹽…適量

胡椒…適量

現磨的帕梅善起司…適量

義大利香芹…1小把，切末

法國麵包…2－3片

〈做法〉

1 在烤盅裡抹滿奶油（份量外），烤箱預熱到180－190度。

2 基礎番茄醬汁（見115頁）加熱至微滾，以鹽、胡椒調味，並加入西班牙紅椒粉，調整成自己喜歡的口味。

3 在烤盅裡鋪上調好味的番茄醬汁，在中間挖一個凹洞，打入一顆蛋（可多加一個步驟：將蛋白

濾一點掉，只保留蛋白較濃稠的部分，因為蛋白不易完整凝結，為了等蛋白凝結，蛋黃反而會過熟），有必要的話，再補上一點番茄醬汁，送進烤箱烤10－12分左右，或烤到蛋白凝結即可，蛋黃不必全熟。

4 上桌前，現磨帕梅善起司，撒一點義大利香芹，用法國麵包沾著享用。

基礎番茄醬汁怎麼做？

〈食材〉

全熟番茄⋯4顆
大蒜⋯數瓣，切成片
橄欖油⋯適量

〈做法〉

1. 番茄去皮，切大塊。
2. 在鍋中倒入適量橄欖油，放入蒜片，待香味逼出後，放入去皮番茄塊，以小火慢煮20－30分鐘，煮到番茄全化開即可。
3. 如果不確定番茄醬汁之後要煮什麼料理，也可不要加橄欖油與蒜片，讓風味保持單純，之後要煮中式或西式皆可。

湯豆腐

湯豆腐是一種風情，一種急不得的風情。

湯豆腐的湯清澈如水，除了一片昆布外別無他物，用海味帶出大豆的甘甜，隱晦低調。要能享受這樣的風情，得有耐心，也要靜心，豆腐細嫩如嬰兒臉頰，撈起時必得輕手輕腳，才不致於讓豆腐有了壓痕或散了一地。

沾醬也要講究，絕對要用品質極好的醬油或酸桔醋，蔥花、薑泥、鰹魚片都要切細，太粗就俗氣了。

心煩時不如吃個豆腐吧，讓情緒緩和，用淡薄的滋味安定身心。

〈材料〉

嫩豆腐：1塊

昆布：1片

沾醬

淡醬油：1大匙

酸桔醋醬油：1大匙

細切蔥花：適量

細的鰹魚片：適量

白芝麻：少許

〈做法〉

1 準備一個可直接上桌的小鍋，比如土鍋或日式小鐵鍋，放半鍋清水與一片昆布，以中火煮。

2 煮到將滾時，放入切塊的豆腐，轉小火，豆腐熱了就可以撈起來，沾醬享用。

〈TIPS〉

★ 煮豆腐最怕煮過頭，所以寧可在

桌上起一個小爐，像吃火鍋那樣邊煮邊吃，一次只下兩塊豆腐，也不要為了貪快省事，一次放太多塊而把豆腐煮老。

★沾醬很多元，昆布醬油、鰹魚醬油、酸桔醋都很適合，不想沾醬的時候，撒一點細海鹽或藻鹽，也很棒。

醬燒牡蠣

我喜歡牡蠣，特別是日本牡蠣，反而沒那麼愛法國生蠔。歐洲人覺得日本人把鮮美的生蠔煮熟或炸熟來吃非常不可思議，浪費了它的新鮮質地，但日本人就是有辦法把牡蠣做到熟透了也美味。

厚岸的牡蠣、備前的牡蠣、三陸的牡蠣，日本幾大牡蠣產地，各有特色，其中我最愛三陸產的，個頭略小，但是滋味實在，潮流交會為三陸海岸帶來豐厚的海鮮，牡蠣尤甚。但說了這麼多，台灣能買到的還是冷凍的日本牡蠣，極少有新鮮貨，而且產地選擇很有限，所以能買到哪裡產的，就吃那裡的吧。

這樣的牡蠣無法生食，最好的方法是醬燒，能蓋過微微的腥氣又不失風味。

對自己好一點，如果你現在正因為小人進犯而氣結，就告訴自己何苦呢，不如拿下冷凍牡蠣退冰，起鍋燒一點醬汁，盛一盤華美的牡蠣，想想那大海的氣息，想想那濃腴的口感，就用蛋白質與膽固醇拯救自己吧。

〈材料〉

牡蠣：8顆
無鹽奶油：10g
淡醬油：1大匙
料理酒：1大匙
黃檸檬角：1個
紫蘇葉：2片

〈做法〉

1. 牡蠣洗淨瀝乾。
2. 熱鍋，在平底鍋中放入奶油，待奶油融化、大泡泡轉為小泡泡即放入牡蠣。
3. 小心搖晃鍋子，牡蠣的水分很多，加熱時它會出水但也會慢慢縮水。待它水分蒸發後（表示滋味也濃縮了），先下料理酒，再下淡醬油，搖一搖鍋子收汁，並讓牡蠣沾上醬汁，熄火。裝盤時，可鋪上紫蘇葉與黃檸檬角。

岡本純一｜橢圓皿

〈TIPS〉

★醬燒牡蠣上桌時，也可磨些胡椒、幾滴橄欖油，附上切成絲的蔥白與蘿蔔泥即完成。

馬鈴薯沙拉

這也是一道居酒屋定番，一入座就先點的那種小菜，有澱粉，所以能先墊墊胃，帶點酸，又能更開胃。我很推薦各位家中冰箱也常備著一盒馬鈴薯沙拉，有的時候真心需要這種醣類的滿足感。

每位日本媽媽都有自己的馬鈴薯沙拉配方，有的人完全不加酸，有的人用檸檬汁，有的人用醋，我也曾經在某本小說中看到女主角是用柚子醬油，其實沒有一定，各有各的風味。

〈材料〉

馬鈴薯⋯2小顆
鹽漬小黃瓜片⋯1根份
水煮蛋⋯1顆
胡蘿蔔⋯1／2根
美乃滋⋯1.5大匙
鹽⋯少許
胡椒⋯少許
白醋或檸檬汁⋯數滴

〈做法〉

1 馬鈴薯蒸熟剝皮，用叉子或壓泥器壓成泥，但保留一點點口感。水煮蛋切塊，小黃瓜片漬妥，胡蘿蔔蒸熟切小塊。

2 馬鈴薯泥加入鹽、胡椒、美乃滋與白醋拌勻，再放入小黃瓜片、水煮蛋塊和胡蘿蔔，拌妥即可。

鹽漬小黃瓜怎麼做？

小黃瓜切薄片，撒一層薄薄的鹽，輕輕搓一搓，靜置十到十五分，把水分擠掉即可。加在沙拉裡，日式白和或中式涼拌菜都適合。

馬鈴薯沙拉還能加入什麼材料或調味？

火腿片、玉米粒、洋蔥絲或地瓜塊都很適合加入，如果喜歡重口味，也可加一些北非香料或咖哩粉，稍做變化。

6

餐前的一杯

台灣沒有餐前酒文化，是我一直覺得很可惜的事。

去年去了一趟巴黎，我們在瑪黑區街邊的小咖啡館坐下，點了氣泡水和Aperol Soda——清涼的夏日飲料，然後，一邊喝酒也一邊看人，看路上行人，看店裡的人。那時是下午五點半多，一片祥和自在。

這是很典型的歐洲咖啡館，傍晚下班後，家人朋友聚在咖啡館或小酒吧喝一杯餐前酒，有時是利口酒加氣泡水，有時是香檳或氣泡酒，有時是調酒，天氣熱時，也有人喝啤酒。有的店家會在你點了飲料後送上一點堅果花生米，如果是在義大利，還

夜晚來臨前的時光，
鋪排幾樣用牙籤插著的小菜，兩杯酒，
我們看著彼此，
享受柔和的天光。

有各式各樣的鹹味小點可選擇。別以為這是大人的專利，我偶爾也看過有小朋友在場，他們喝著汽水或蘇打，跟坐在腳邊的狗狗玩耍。

晚餐是七、八點後的事，或許回家用餐，或許再去其他餐廳，但無論如何都不影響六點鐘喝一杯的興致。重點不是酒或食物，而是相聚，以及那份餘裕。沒有趕著要去做什麼，聊聊彼此的一天，講講八卦，討論晚上球賽的賭盤，談談即將到來的週末計畫，我覺得很美好。

我想是因為我們多半工作得晚，下班已是七、八點，誰還有心情坐下來喝餐前酒呢？若是真的與朋友相約酒館，通常也是吃晚餐，而不是喝一杯。

給自己一點空間吧，只要半小時，斟一杯酒，在晚餐前慢慢喝一杯。

醬油漬蛋黃

蛋黃最是療癒，而醬油漬蛋黃是對它的最高禮讚。

因為這是直球，完全以蛋黃決勝負。沒有加入其他食材，雖然以醬油漬過，但如果蛋的品質不夠好或不新鮮，就會有蛋腥味；又或者蛋雞的養分不夠，產下的蛋吃起來就不會那麼濃口。

要做這道菜，一定要買你能買到品質最好的蛋（其實什麼菜不是？）用你喜歡的醬油，稍濃口沒關係，好的蛋加上好醬油，剩下就交給時間的魔法。

〈材料〉

生蛋黃：2顆
醬油：3大匙
味醂：1大匙
七味粉：少許

〈做法〉

1 小心將蛋黃與蛋白分離出來，蛋白拿去做其他菜，保留蛋黃。

2 混合醬油與味醂，將蛋黃泡進醬汁內，隔天可食。

3 撒一點七味粉。

〈TIPS〉

★漬一天味道較淡，蛋黃還是液體狀，可拿來拌飯、調醬汁或配冷豆腐；到了第二天略稠，第三天蛋黃會漸漸轉為膏狀，口感變硬，可以切片當下酒菜，很適合當餐前酒的小點心。

哪裡買好蛋？

很多人問我，好的可生食雞蛋要去哪裡買？建議找有明確標出生產者、無毒、人道飼養的牧場，除非你很信任店家，不然盡量不要買箱子裡的散蛋，花蓮慶鍚牧場的蛋品質就非常好，可網購也可至SOGO忠孝館超市購買；學田市集的小農蛋也好；我自己最常買的是微風超市的童雞蛋、土雞蛋或烏骨雞蛋。

開胃小塔

酪梨醬佐燻鮭魚／嫩蛋酒醋蘑菇

曾看過一本講派對食物的英文食譜，大概有一半的篇幅在講finger food，運用各種小餅乾、小塔、小片的可麗餅、薄片麵包當開胃菜的「容器」，裡頭的配料則是各國料理的經典搭配，與正式菜餚的差別只在於，都做成小小一口份量，放在可食用容器上，讓人以手取食。

所以，做開胃小點時不用太設限食物，雖然這裡只提供了兩種食譜，但也可自己變化，放開想像力，想要的話，就算在小塔裡放宮保雞丁或日式燉菜也是可以的。

當家裡來了一群朋友時，就很適合端出這種小塔，即使用手拿取也不用擔心會弄髒手，涼了也好吃，更不用把大家限制在餐桌前。

酪梨醬佐燻鮭魚

〈材料〉

小塔…12個
燻鮭魚…2片
全熟酪梨…1／4顆
黃檸檬汁…適量
黃檸檬…1／4顆
鹽…適量
胡椒…適量

〈做法〉

1 黃檸檬切薄片，再輪切成扇形；燻鮭魚切成小片。

2 酪梨去皮去核，切小丁塊，加入黃檸檬汁、鹽、胡椒與義大利香芹末，拌勻成酪梨醬。

3 在小塔中依序鋪上酪梨醬、黃檸檬片和鮭魚片。

嫩蛋酒醋蘑菇

〈材料〉

小塔⋯12個
蛋⋯2顆
蘑菇⋯半盒
巴薩米克醋⋯適量
義大利香芹⋯1小把，切成末
鹽⋯適量
胡椒⋯適量

〈做法〉

1 2顆蛋散打後，用平底鍋炒嫩蛋，在蛋還沒有完全凝固時就可關火，用餘溫讓它熟即可，以免過熟口感太硬。

2 蛋盛起後，再炒切片的蘑菇，蘑菇會出水，重點是一直炒不要停，把它出的水都炒乾，再以鹽、胡椒調味，最後加1小匙巴薩米克醋收汁即可。

3 將炒好的嫩蛋與蘑菇放入塔中，最後以一小片義大利香芹裝飾。

〈TIPS〉

★延伸吃法，提供幾種不敗組合給大家：

・蛋沙拉（參考138頁）＋蝦仁（豪華一點就用明蝦或龍蝦切塊）

・鮪魚醬＋生火腿

・鯷魚＋青辣椒＋橄欖

・番茄、青椒、洋蔥切碎末的莎莎醬＋生食干貝或蝦仁

（簡易版的莎莎醬做法很簡單，將等量的番茄、青椒與洋蔥切細末，加入1：2的檸檬汁與橄欖油，及鹽、黑胡椒拌勻即可。）

★小塔可以買現成的，IKEA有賣餅乾型的小塔，一盒二十六個，開封即用，很方便。也可用小圓餅乾、小片的仙貝或切薄片的法棍代替。

奶油起司二部曲

海苔起司／奈良漬起司

這是某日福至心靈、隨手做出來的開胃菜，沒想到很驚豔。

那天剛好正打開日本買的老鋪海苔「山本海苔」吃，原本只是單吃配酒，不曉得哪裡來的靈感，我決定打開冰箱拿出奶油起司，抹了一大塊在海苔上，我看著海苔頓了一下，決定再挖一點點柑橘果醬塞進去。

把海苔捲起，一口吃下，啊，就是了。海苔偏鹹，但是與奶油起司居然天衣無縫地搭，兩者在嘴裡融出美好的滋味。

我馬上喝下一口酒，這世上怎麼能有這麼像下酒菜的下酒菜呢。

海苔起司

〈材料〉

奶油起司⋯0.5大匙
海苔⋯4×4公分，2片
柑橘類果醬⋯0.5小匙

〈做法〉

海苔剪成適口大小，在海苔上抹一層厚厚的奶油起司，再加一點點果醬，把另一片海苔蓋上去即成。這道菜要馬上吃，否則海苔很快就軟了。

奈良漬起司

〈材料〉

奶油起司⋯1大匙
奈良漬⋯1片

金本卓也｜大和織部足付角皿

〈做法〉

奈良漬切薄片，一樣將奶油起司抹上海苔，視奈良漬的大小，看是要捲起來或再夾一片上去。

醋漬蔬菜

吃麥當勞或其他速食店時，我其實不大愛吃漢堡裡的酸黃瓜，總覺得它們的酸混合了奇怪的香料味，因此每次都挑掉。

不過我倒是喜歡自製酸黃瓜，自家製所以能控制加進去的香料，都是自己喜歡的味道，而且也沒有防腐劑，比較安心。除了黃瓜外，我也漬其他蔬菜，比如小洋蔥、四季豆、烤過的菇類、西洋芹、胡蘿蔔或花椰菜，冰箱裡隨時有一罐，吃較油膩的燉菜或肉料理都能拿出來搭配。

〈材料〉

小黃瓜…1－2根
栗子南瓜…2－3片
玉米筍…4－5根
胡蘿蔔…1/3根
蘆筍…4－5根
高粱醋…120㎖
水…180㎖
鹽…少許
白砂糖…6大匙
乾辣椒…少許
整粒黑胡椒…10來顆
月桂葉…1片

〈做法〉

1 將小黃瓜輪切1.5公分，南瓜、胡蘿蔔切片，玉米筍對切，蘆筍切3截。

2 在鍋中倒入醋、水和所有香料與調味料（白砂糖、乾辣椒、整粒黑胡椒、月桂葉、鹽），煮滾。

醋漬蔬菜可以保存多久？

我覺得醃滿一星期左右最好吃，在冰箱裡可以保存一個月，只是放久了會比較不脆，建議還是趁新鮮吃。

醋水比例如何抓？

我通常會用醋水2：3來做，但如果想要更酸一點，也可以用1：1來做，如果不要那麼酸，可多加一點糖或降低醋的比例。

3 將所有蔬菜裝進密封罐內仔細排整齊，趁熱倒入煮好的香料醋水，液體要全體淹過蔬菜，加蓋倒放。

4 冷藏3天入味即可。

鯷魚橄欖串

在西班牙巴斯克旅行時，每家酒吧都有這道下酒菜，如果哪家酒吧沒有，老闆大概不是西班牙人。

很多國家都產鯷魚，義大利、法國、葡萄牙或西班牙都有，他們都有各自強大的罐頭業，能在短時間內趁新鮮將鯷魚加工做成油漬、鹽漬或醋漬鯷魚。西班牙北部也不例外，鯷魚算是那裡海產的大宗之一，非常肥美，特別是用油醋醃漬的白鯷魚，在酒吧裡人手一串。

鯷魚無論如何還是有點腥味，義大利通常是用大量的鹽醃漬後，再浸泡橄欖油裝瓶或裝罐頭，所以帶鹹，通常不會單吃，而是拿來做菜，比如義大利麵、調沙拉醬或加在燉煮裡。但白鯷魚腥味淡，肉質細，用油醋漬過即可單吃，多數的做法就是與橄欖串或醋漬青辣椒串在一起。

現在超市幾乎都買得到品質很好的油醋漬鯷魚，不如也來試試吧。

〈材料〉
油醋漬鯷魚：數片
橄欖：每隻鯷魚配 2 顆

〈做法〉
以牙籤或竹籤將鯷魚與橄欖與串起即可。

7

相聚的一杯

我喜歡在家請客。

我很享受與朋友聊天、談笑、喝酒吃小菜的氛圍，更喜歡替所有人斟滿酒杯。在家請客與在外面吃飯不一樣，雖然要煮一桌子菜出來，也得上市場備料，事後還要收拾整理，聽起來很麻煩，但對我這個挑嘴又龜毛的人來說，還是優點多過缺點，至少不必忍受繁文縟節的桌邊服務和一些質感不佳的餐具。

對朋友來說，或許也比較輕鬆。來家裡的都很是很熟的老朋友了，所以往往能夠很自在。比如中場時，朋友喝了酒有點微醺，突然起身扶著頭說：「不好意思你家

在家宴客，
有時貪戀的倒不是那桌食物，或酒，
而是那股自在的氛圍，
與自在的對話。

沙發借我躺一下……」話未落定人倒已經躺定了。也有朋友一面與我們談笑，一面走到櫥櫃邊拿起威士忌給自己添酒，再順手開了冰箱拿冰塊。大家果真都沒在跟我客氣，完全把我家當自己家。

但我喜歡這樣。這些年來因為外食太方便，餐廳競爭激烈各出集客花招，再加上現代人生活忙碌，上市場與做菜都是奢侈，大家已漸漸不在家請客了。

其實在家請客並沒有想像中難，做幾道大菜（不是指多費功多細膩的菜，而是份量多，擺起來漂亮，豐富，大器），挑幾支酒，準備心愛的餐具酒杯，在屋內插幾盆花，只要這樣就跨出在家請客的第一步了。

不如這個週末就約幾個朋友到你家吃飯吧。

比才版蛋沙拉三明治

日本的老喫茶店或咖啡館若有提供三明治，大概都會有蛋沙拉三明治或是厚蛋三明治，這兩者都是我很常點的品項，但其實它們都能在家自製。

蛋沙拉即使不做成三明治，單吃也很好，我的版本除了一般的蛋與美乃滋外，多加了日式醬菜。我最推薦的是加日式蘿蔔乾，其他如福神漬或其他有加紫蘇的醬菜也都適合，紫蘇香氣非常迷人。美乃滋是很神奇的醬料，有時吃多會膩，但卻與醃漬物的鹹酸發酵味非常搭，漬物中和了美乃滋的甜與奶味。

這樣的蛋沙拉百吃不厭，當一群朋友來家裡喝下午酒的時候，很適合做這道三明治，既能在喝酒前墊墊肚子又能開胃。

〈材料〉

薄片吐司…2片
水煮蛋…2顆
美乃滋…適量
日式醬菜（醃蘿蔔、福神漬或紫蘇醬菜）…適量，切碎
鹽…適量
胡椒…適量

〈做法〉

1 水煮蛋切碎，加入美乃滋、鹽、胡椒與醬菜，混合均勻成蛋沙拉抹醬。

2 將上述抹醬塗在吐司片上，夾起，切四塊即成。

〈TIPS〉

★關於下午酒的搭配，我喜歡蛋沙拉三明治搭清爽的白酒、粉紅酒或香檳，幾款經典的開胃酒如Aperol Soda、Kir也適合。

義大利水煮魚

水煮魚原本是義大利南部的漁夫料理，漁夫將當天的漁獲和小番茄、橄欖油放入水中同煮，不需要高湯，因為光是海鮮與番茄就提供了基本的湯底。

時間過去，這道菜經過歷史淬鍊，在世界各地有了很多不同的變化版本，也更精緻化，比如多加了酸豆或橄欖，更豐盛的版本還加了蛤蜊，水也換成高湯增加鮮度，當然多加一點蔬菜進去也是可以的，每個人都能有屬於自己版本的水煮魚。煮出來的湯汁當然不要浪費，沾麵包非常棒，拌義大利麵更好。

當有朋友問我宴客菜單的建議時，我通常都會推薦這道，一來整條全魚總是體面，二來這道菜完全不需要煎魚技術，一鍋到底，新手也能上手。

〈材料〉

白肉魚…1尾
雞高湯或日式昆布高湯…250㎖
白酒…少許
洋蔥…1／2顆，切末
大蒜…1瓣，切片
半乾小番茄…15－20顆
酸豆…1大匙
橄欖…約10顆
義大利香芹…1小把
鹽…適量
黑胡椒…適量

〈做法〉

1 在白肉魚的兩面均勻撒上鹽。
2 洋蔥切末，大蒜拍開。
3 在一個有蓋的深鍋（要放得下整條魚）裡炒洋蔥跟蒜片，炒到軟化、帶點透明後，加入酸豆、半乾小番茄（做法參考103頁）、橄欖續炒，再倒入白酒。

4 待酒蒸發掉後倒入雞高湯，煮滾，把抹好鹽的魚平放進鍋中，加蓋用中小火煮5－6分鐘，也可以用湯匙舀起湯汁，淋在魚上，讓上層的魚肉也能吸到湯汁，並加速煮熟，直到魚肉也能刺穿為止。

5 試一下湯汁的味道，如果不夠鹹就補一點鹽，上桌前再撒一把切成末的義大利香芹與黑胡椒。

〈TIPS〉

★白肉魚的選擇很多，我最常用赤鯮、長尾鳥，但除此之外，馬頭魚、金目鯛、黑毛、黑喉、金線魚都非常適合，重點在於用魚肉質地細、刺少、沒腥味的魚。

★此道食譜也可以加入二〇〇克的蛤蜊，增加鮮味。

香料烤雞翅

北非香料／義式香料與香醋

說到雞翅，大家是不是馬上聯想到美式餐廳呢？或是派對食物？

比起美式餐廳必備的辣雞翅，我更喜歡用大量香料醃製的香料雞翅。只要提早一個晚上花五分鐘醃製冷藏，隔天就能直接送進烤箱烤到酥酥焦焦。就算是人多的場合，一口氣烤個二十支雞翅，也絕對不會比烤四支累，因為都是一次工，派對食物無誤。

北非香料

〈材料〉

雞翅…4支
柑橘類果醬…1大匙
北非香料…適量
西班牙紅椒粉…適量
鹽…適量
黑胡椒…適量
橄欖油…適量

義式香料與香醋

〈材料〉

雞翅…4支
義大利綜合香料…適量
巴薩米克醋…1大匙
鹽…適量
黑胡椒…適量
橄欖油…適量

香料有哪些選擇？

超市有很多罐裝香料，不少品牌都有設計事先混合好的綜合香料，各自有不同風味，選購的時候偶爾可以大膽一些，不用太擔心該怎麼用或可能會不習慣，烤雞、烤豬排、煮蝦，各式燉菜都可加加看，找出你喜歡的味道。

罐裝香料的口味很多樣，我特別推薦北非風的綜合香料，是類似咖哩的味道，適合烤雞肉；義大利香料或有帶鼠尾草的香料很適合燉豬肉。多試試，你會愛上香料的。

〈做法〉

1 不同香料的雞翅分別以各自的調味料、香料按摩、醃漬一整晚。

2 送進200度烤箱烤20分鐘左右，將探針叉入沒有血水流出即可。

啤酒燉肋排

這真的是一道CP值很高的菜，大家都應該學會。

我是從雜誌《料理通信》上學到這道菜，再稍加調整成我的版本，與馬鈴薯泥或烤薯塊都很搭。需要的材料很少，只有豬肋排、啤酒和洋蔥，花的力氣和工夫也少，全程只需要煎豬肋排，加啤酒送進烤箱就行，但得到的卻是數倍以上的回報。

我很推薦在宴客時做這道豬肋排，可以前一天先做好，當天只需要拿出來加熱，就能輕鬆賺到一桌朋友的讚許眼光。

〈材料〉

豬肋排：400g
洋蔥：1顆
啤酒：350㎖
月桂葉：1片
鹽：適量
胡椒：適量
西班牙紅椒粉：適量
雪莉酒醋（或其他酒醋）：1小匙
奶油：10g

〈做法〉

1 準備一個放得下所有肋排、也可以進烤箱的鍋子，鑄鐵鍋為佳。烤箱預熱至130度。

2 替豬肋排調味，撒鹽、胡椒，每一面都要撒到。洋蔥切絲。

3 熱鍋，將豬肋排的每面都煎到微焦。一次不要煎太多塊，否則鍋中溫度會降低。煎好取出備用。

4 同一鍋炒洋蔥絲至金黃色，鋪平

法國｜Sarreguemines Bertha 點心盤
Sarreguemines 瓷器廠起源於西元 1784 年左右

於鍋底，肋排放回（不能重疊），倒入啤酒。

5 以中大火煮滾，撈掉浮泡，放1片月桂葉，以鹽、胡椒調味，也可加一點西班牙紅椒粉，再添1小匙雪莉酒醋來平衡洋蔥的甜。調味不用調到足，因為燉烤後水分蒸發，會愈來愈鹹。

6 調好味加蓋，送進烤箱中烤2個小時，烤到骨肉能輕易分離為止。放涼，冰箱靜置一晚入味。

7 隔天從冰箱拿出來後，醬汁應該是凝結狀的，先加熱化開醬汁、肋排熱透後，取出裝盤；醬汁濾出，繼續加熱濃縮。收汁到只剩1／3左右、很濃稠時，放入奶油慢慢融化，煮到滑亮呈深咖啡色。

8 如果怕肋排涼了，可回醬汁鍋中翻滾幾下，再裝盤、淋醬、上桌。

西式燉菜的祕訣

燉菜在各方面來說，不論是西式、中式或日式，其實都是異曲同工。材料互通，肉類、根莖蔬菜，只差在調味的風味，用醬油、味噌就偏東方口味一些，用芥末、紅酒醋、香草，就偏西方口味一些，沒有什麼絕對，當然也可以有中間值。我常常在西式燉菜裡加一點點醬油，增加一點發酵品的風味，其實就是取這兩者中間。

燉菜是冬天的定番，而且方便好做，第一步先煎香或炒過材料，讓它的表面呈金黃色，一來封住水分，二來煎出來的焦香是風味的來源。接著加進液體，可以是清水、高湯，也可以是酒，然後調味，煮滾撈浮泡後就轉小火慢燉，或送進烤箱以低溫慢烤，一、兩小時後就是一鍋閃亮亮的燉肉了。

所有菜都是這樣，只要把握這幾個步驟，做出來的燉菜都不會差到哪裡去。你可以用同樣的方法紅燒牛肉、燒豬腳、燉奶油白酒雞、燉牛膝、羊腿和內臟，統統適用。

雞肉丸子蛤蜊雪見鍋

冬天吃鍋，鍋裡怎麼能沒有一些白胖圓滾的丸子呢？

我喜歡口感鬆鬆的丸子勝過紮實口感的，又不是吃貢丸，當然要有有空氣感呀。能做出這種口感的重點在於蛋白，有的做法只加蛋黃不加蛋白，因為怕成品太軟不易成型，但我反而認為加了蛋白，再快速攪打後才能有這種一咬下去的鬆綿。

我總是一次多做一點冷凍起來，吃火鍋時可以加，平時煮湯也可放幾顆增加肉香，我也試過紅燒，做成甜甜鹹鹹的照燒口味，也適合放進便當裡。

而說到雞肉丸子鍋，我最喜歡加的配料就是白蘿蔔泥，讓它的自然甘甜煮進湯頭裡，美味極了。

〈材料〉

雞肉丸子

去骨雞腿肉…1支
蔥花…1把（也可用綠紫蘇，切絲）
淡醬油…0.5大匙
料理酒…0.5大匙
鹽…適量
蛋…1顆
太白粉…適量

雪見鍋本體

蛤蜊…300g
日式高湯或雞高湯…1鍋
白蘿蔔泥…1／3根
白蘿蔔…1／2根
大白菜…100g
蔥花…少許

〈做法〉

雞肉丸子

1 先做肉丸子。建議用雞腿肉，去皮去骨後再切塊，以食物處理機打成泥，如果家裡沒有食物處理機，可以拜託市場幫忙絞肉，或直接買雞絞肉。但市售的雞絞肉通常比較乾，最好加一點豬絞肉增加油脂。

2 打成粗泥後，加入蔥花(或紫蘇)，以料理酒、淡醬油及鹽調味，最後才加蛋續打。最後加一點點太白粉讓丸子比較不會散開。

3 燒一鍋水，以兩隻湯匙做出丸子，將它們先燙至半熟或定型。

什麼是雪見鍋？

所謂「雪見」，指的是加入大量磨細白蘿蔔泥或蕪菁的鍋物，因為蘿蔔泥看起來就像白雪一般，又細又軟。而雪見鍋的材料通常不能多，主菜一到二樣，副菜最多也是兩樣就好，用小火鍋煮，邊喝日本酒邊享用，別有賞雪的風情。

雪見鍋

1 準備一鍋高湯，可以用日式高湯、雞高湯或混用皆可，以鹽及淡醬油略微調味（份量外）。

2 放入一半的白蘿蔔泥、大白菜、白蘿蔔先煮（如果想增加食材豐富，也可放入日式木綿豆腐和喜歡的菇類），煮到白菜軟化，再放入燙好的雞肉丸、蛤蜊，等蛤蜊打開後，最後再放入另一半的白蘿蔔泥。

酒香番茄橄欖蛤蜊

蛤蜊個性好，對於自己被煮成什麼口味幾乎都沒意見，所以我只要在市場看到新鮮肥美的蛤蜊，八成會買，回到家再慢慢想要做成什麼料理。

白酒蛤蜊是義大利麵的常客，每次吃都是雙手並用地吸乾蛤蜊湯汁，非常幸福。當然不加麵單吃也行，我在白酒蛤蜊的基礎上，另外多添了一點風味——烤番茄。如果手邊剛好有油漬番茄也很好，能煮出更濃郁的醬汁。

〈材料〉

蛤蜊：500g
大蒜：1瓣，切片
小番茄：10顆，對切（或迷你桃太郎4顆）
橄欖：8顆，對切
黃檸檬角：1個
白酒或料理酒：2大匙
義大利香芹：1小把
胡椒：適量

〈做法〉

1. 烤箱預熱至180度。
2. 準備一支可進烤箱的平底鍋，熱鍋，用一點油逼出大蒜的香氣。
3. 把橄欖和番茄的切面朝下放入鍋中，送進烤箱烤到番茄軟化出水，約需10－12分鐘。從烤箱取出放入蛤蜊與白酒，再送回烤箱烤到所有蛤蜊皆開口，拿出來拌一拌，讓番茄與蛤蜊充分混合。

4 至於調味則是視情況，野生蛤蜊吃海水，本身就鹹，就不放鹽了，試味道，磨點胡椒增香，最後撒義大利香芹末、擠一點黃檸檬汁也很棒。

〈TIPS〉

★ 這道菜也可以不進烤箱，直接在爐火上完成。做法是先爆香大蒜，加入番茄(或油漬番茄)，先炒香後再加入蛤蜊、白酒，煮至蛤蜊開口即可。若想多加點其他材料，就在放蛤蜊前加進一起炒。

★ 酒香番茄蛤蜊還能加什麼材料？不用太局限，如果想增加份量，可加入綠花椰菜、櫛瓜、蘆筍、蘑菇、青花筍；想要多一點滋味，也可以在大蒜爆香後，放入培根或chorizo爆香，後者絕對是驚喜，醬汁會讓你用麵包沾個不停。

蔬食的一杯

前陣子看了Netflix的節目「*Chef's Table*」法國篇，其中一集是三星主廚Alain Passard，他在多年前開始改變餐廳菜單，改提供以蔬食為主的套餐，餐點大部分是蔬菜，只有少量的白肉、貝類與比目魚。雖然我也是紅肉愛好者，但這樣的套餐，還是讓我非常心動。蔬菜可以永續，而且只要是無毒、有機的土地上種植，相較於肉類，是安全又友善環境的食物。

有的時候我會想做一整桌的蔬食，不是素食，而是以蔬菜為主

切幾塊蔬菜，抹點鹽，搓搓揉揉，
統統密實地塞進玻璃罐裡，
像魔法罐似的，
一天後，就變成一罐滿滿的美味。

的餐點。出發點倒不見得那麼偉大，但確實身體偶爾會非常渴望蔬菜，而不是肉。擠了檸檬汁的烤根莖蔬菜、加了水煮蛋跟堅果的沙拉、昆布蔬菜湯、玉米泥、水煮蘆筍配自製美乃滋等等。這種時候，我完全不使用紅肉，高湯也會改為昆布高湯或蔬菜高湯，讓身體清爽一些。

但即便是這種吃蔬食的日子，還是不能沒有酒。我從來沒有擔心過蔬菜清淡、與酒不搭的問題，因為經過適當的調味與引味，蔬菜也能有滋有味。乾燥香料、發酵食、蛋，都能為蔬菜增加風味，這一篇裡的幾道菜，都能發揮各蔬菜的特色，在搭酒上，則可以挑選清爽的白酒、粉紅酒或清香系的吟釀。

月見蕈菇

這是一道十九歐的菜。

怎麼說呢？去年夏天在西班牙巴斯克的美食之都聖塞巴斯提安旅行，在一家連安東尼·波登都造訪多次的當地名店吃到這道菜。材料非常簡單，只有幾種野菇與一顆生蛋黃，但滋味豈止萬千，好吃得不得了，小小一盤，十九歐元。

回台灣後一直念念不忘那盤十九歐元的味道，很想再吃一次，於是試著做做看，其實並不難。只可惜台灣不產那家餐廳使用的牛肝菌和雞油菌，只能用其他菇類代替，味道不盡相同，但還是很棒。在巴斯克地區，通常都會搭配當地特產的酒Txakoli，這種酒偏酸，有很細密的氣泡，與當地盛產的海鮮或山產都搭，但台灣不容易買到，退而求其次，可以用白酒或粉紅酒來搭。

〈材料〉

菇類…300g

（香菇、松茸、鴻喜菇、小杏鮑菇、乾燥的牛肝菌或雞油菌皆可，混合至少2－3種）

大蒜…1瓣

義大利香芹…1小把

蛋黃…1顆

鹽…適量

胡椒…適量

料理酒…1大匙

巴薩米克醋…0.5大匙

淡醬油…0.5大匙

〈做法〉

1 菇類切片，大蒜拍開，義大利香芹切碎末。

2 熱鍋，先將大蒜逼出香氣，然後取出丟棄。放入所有菇類拌炒，待菇開始軟化時，加入料理酒，待

酒氣稍微蒸發，再以鹽、胡椒、巴薩米克醋和淡醬油調味，炒透後起鍋。

3 將菇平鋪在盤中，撒上義大利香芹，然後在菇的正中央挖個凹槽，把生蛋黃放上去即可上桌。

生蛋黃是一種醬料？

蛋黃在很多時候，是被當成醬料的一種，特別是生蛋黃或半熟蛋黃。著名的里昂沙拉裡頭加了水波蛋，就是為了與沙拉醬結合成更濃郁的醬汁，日式壽喜燒或串烤的烤雞肉丸，沾醬都是生蛋黃，因為它們本身的醬汁都偏甜，蛋黃剛好提供味覺的平衡和口感的轉化。

在這裡也是一樣的道理，把蛋劃開與炒菇拌在一起，用麵包沾著吃，有誰不愛呢？

西式料理爲什麼要加醬油？

其實我做很多西式料理時，還是會偷偷加一點東方的調味料，通常是醬油，有的時候則是味噌或味醂，甚至是豆腐乳或日式梅乾。它們都有個共同點，發酵食。有時做西式的菜，覺得味道有點單薄，少了點什麼，這種時候的第一個選項是加一點點醋，不然就是加一些發酵品，可以增加味道的厚度和層次。西式的材料如鯷魚、酸豆、橄欖也是同樣道理，藉著這些由「時間」釀造出來的元素，替料理增加時間的風味。

所以不只是炒菜，燉煮料理如義式肉醬、白醬燉雞等等，我都會加一小匙的醬油，比例上不多，單吃成品也絕對吃不到醬油味，但很神奇的，味道就是會變豐富。

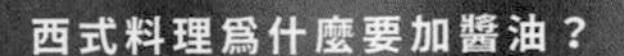

咖哩檸檬烤白花椰

這絕對是正統的下酒菜無誤，而且香氣不輸紅肉。

咖哩的香氣讓人開胃，重口味更是非常搭酒，我甚至覺得咖哩運用在各種不同材料上，成品都好過煮成日式咖哩飯，所以我家裡常備不同款式的咖哩粉，但從來沒有備過煮咖哩飯用的咖哩塊。

這裡用的是白花椰，但其實很多蔬菜都可以加入，如各式菇類、櫛瓜、洋蔥等等。

〈材料〉

白花椰菜⋯1/2朵，切成小朵
義大利香芹⋯1小把，切末
黃檸檬⋯1/4顆，擠汁
鹽⋯適量
胡椒⋯適量
咖哩粉⋯1大匙
橄欖油⋯適量

〈做法〉

1 烤箱預熱到170度。

2 將切成小朵的白花椰菜鋪在烤盤上，盡量不重疊，撒鹽、胡椒、咖哩粉，並淋上一些橄欖油。送進烤箱烤15分鐘左右，或是烤到白花椰菜的邊邊呈現微焦。

3 將烤好的白花椰菜裝入容器內，擠點黃檸檬汁，混拌均勻。

4 如果要吃涼的，就放涼後進冰箱冷藏，要吃的時候再拿出來，拌入切成末的義大利香芹，試試味道，決定需不需要再補一點黃檸檬汁或鹽；如果要吃熱的，就直接拌入義大利香芹即可。

梅香金針菇

這是一道下飯菜，也是下酒菜。

不曉得大家有沒有吃過一種日本罐裝金針菇，金針菇切小小段，煮成鹹鹹甜甜的佃煮？這道菜就是它的梅子變化版。

金針菇的味道在菇類中說不上濃，所以可以用各種不同的醬料燉煮，煮出自己喜歡的味道。梅子味是我很常做的燉菜口味，不論是煮魚、煮根莖蔬菜或菇類，我常常會加一顆梅子，它的酸度溫和不刺激，能替燉煮增加清爽感。

佐佐木好正｜赤椿小鉢

〈材料〉

金針菇：1包
日式梅干：2－3顆
日式高湯：100㎖
淡醬油：2大匙
料理酒：1大匙
味醂：1大匙

〈做法〉

1 金針菇切成1.5－2公分的小段，日式梅干去核，壓成細泥，梅子核別丟，等等會用到。

2 準備一支有深度的鍋，熱鍋下油，投入金針菇，迅速炒開。

3 持續以中小火拌炒並加入調味料：先加料理酒，稍微蒸發後，再加味醂和淡醬油，以及梅子泥、梅子核和日式高湯。轉小火煮大約10－15分鐘，把醬汁收乾就可以熄火，梅子核挑出丟棄。

〈TIPS〉

★放涼後裝進密封容器內冷藏，可保存三、四天。

★除了下酒外，這道小菜很適合配白飯或稀飯，放在冷豆腐上或拌冷烏龍麵，冰冰涼涼的，大熱天仍舊好入口。

荒木義隆｜安南七寸皿

鰹魚片拌秋葵

秋葵據說是很好種的植物，怎麼種怎麼長，怎樣的環境都能活下來，所以我偶爾會收到朋友或親戚家裡自己種的秋葵。

一般吃法是燙熟後沾醬油膏，但吃多總是想換口味做點變化呀，所以試過很多種做法。其中，拌鰹魚片是我試過多次後覺得最好吃的，非常簡單，五分鐘就能完成。家裡的食材櫃隨時備著小包裝、切細片的鰹魚片，做各種日式拌菜都方便。

〈材料〉

秋葵…約12根
日式高湯醬油…1大匙
酸桔醋…1／2大匙
鰹魚片…小包1包
鹽…適量（燙秋葵用）
芝麻…適量

〈做法〉

1 燒一鍋水，煮滾後再放鹽，把秋葵燙熟，大約燙50－60秒左右。

2 燙好的秋葵切斜刀，一切為二，與日式高湯醬油、酸桔醋及鰹魚片一起拌勻，撒上芝麻即可。

番茄洋蔥泥沙拉

每到春天新洋蔥上市時，就是生食洋蔥的季節。

三月台灣本地產的洋蔥是溫和的洋蔥，比起進口貨，多了一分溫潤回甘，少了帶苦味的辛辣，這種洋蔥最適合生吃了。前面出場的食譜介紹過以洋蔥絲搭配鮪魚罐頭或鱈魚肝的吃法（參考78頁），這裡則是將洋蔥磨成泥後，把它當成醬汁的一部分，與番茄拌在一起。

除了拌番茄外，也可以拌海鮮。

〈材料〉

全熟的番茄：1顆
台灣洋蔥：1/4顆，磨泥
紫蘇：2片，切細絲或細末
淡醬油：1.5大匙
糖：1大匙
麻油：數滴
鹽：少許

〈做法〉

1 準備洋蔥泥，並調和所有調味料（淡醬油、糖、麻油、鹽），拌勻，待糖融化後倒入洋蔥泥中。

2 番茄切大塊，拌入調好的洋蔥醬汁即可，撒上切細的紫蘇葉，上桌。

〈TIPS〉

★ 盡量挑選比較溫和的洋蔥，才不至於太嗆辣，最適合的品種是春天剛上市的台灣本地洋蔥，或是

北海道洋蔥、淡路島洋蔥（日系超市買得到）。如果季節已買不到合適的洋蔥，可改用白蘿蔔泥，口感與風味不同，但是一樣美味。

帕梅善起司烤蔬菜

能把蔬菜的滋味提升到神妙境界的烹調法，我覺得是烤，烤蔬菜能把多餘的水分去除，只保留它的香甜，還能增加表面的香氣。如果能炭烤當然最棒，想想中秋烤肉時，架上那些微微焦黑的香菇跟玉米筍，多美味。只可惜家中日常煮食，通常不會包括炭烤食物吧，只能改用烤箱進行。

我烤過各種蔬菜，想要多吃一點蔬菜的深夜（就是不能吃澱粉、冰箱也沒有肉或蛋的那個時候），它們是絕佳的酒餚，趁著蔬菜在烤箱中的時間，還能先快速沖個澡、準備倒酒。只要把蔬菜切一切、排一排，送進烤箱，就能去忙其他事，所以也是很棒的平日晚餐配角。

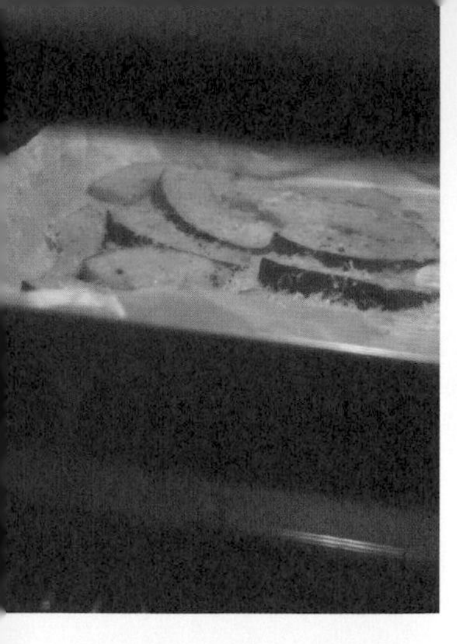

〈材料〉

栗子南瓜：1／6顆

玉米筍：8根

帕梅善起司：1塊

橄欖油：適量（讓所有材料都能沾上一層油的份量）

鹽：適量

黑胡椒：適量

喜歡的新鮮香料末或乾燥香料：適量

黃檸檬角：1個

〈做法〉

1 預熱烤箱至180度，栗子南瓜切薄片，玉米筍若較大則縱向對切。

2 在烤盤內放入玉米筍及栗子南瓜，撒鹽、黑胡椒、香料及橄欖油，將之混合均勻，確認所有材料都沾上橄欖油及調味料，不重疊鋪平，在上面磨一層帕梅善起司，送進烤箱，烤15—20分左右或至所有食材皆熟透。

3 上桌前再磨一點點帕梅善起司，擠一點黃檸檬角再享用。

還可以烤什麼蔬菜？

許多蔬菜都適合，如櫛瓜（切片）、馬鈴薯或地瓜（切片）、白花椰菜（切小朵）、番茄（對切），重點是要把材料切成差不多的大小或厚度，這樣烤的時間才不會相差太多。

其他調味變化

新鮮的香料可以用義大利香芹、百里香或奧勒岡，它們的香氣清新又不會太重，不會搶蔬菜風采；乾燥的香料也可用以上幾種香草的乾燥碎末，或超市很容易買到的義大利綜合香料或西班牙綜合香料，但即使都不加也沒問題。

除了搭配一點現擠檸檬汁，也可以淋一點巴薩米克醋，它不只是酸，還能補一點甜味。這樣做的烤蔬菜，也可與生菜拌一拌，變成豐富的沙拉。

家常菜也可以是下酒菜

大家對下酒菜的印象常常停留在西式或日式的精緻小菜，配紅白酒或日本酒，再不然就是配啤酒的熱炒、滷味與鹹酥雞吧。

我一定要顛覆這個印象，這本書就是為了這個目的而生的。

前面說過，單純的蔬菜或甜點，甚至一碗乾拌麵都能配酒。在

我的概念中，這世上沒有不能下酒的食物，更何況我們這篇要說的是台式家常菜，更精確點地說，麵店或餐廳會有的幾樣家常小菜。這幾道菜，平常大多是配飯、配麵的，或是在正餐上來前，打發時間墊墊肚子的小菜，而這理由用在下酒菜上也毫不違和。

喝酒從來就不是為了吃飽，更多是為了享受喝酒本身呀，所以我們拿掉澱粉，把搭配的米飯或要打發的時間都換成酒吧。

甘醋漬黃瓜

如果問我最喜歡的蔬菜是什麼？答案大約會是黃瓜，它絕對能排進我喜愛的蔬菜前三名。外食時，在任何情況下，只要那家餐廳的小菜有黃瓜，我一定會點。其中我覺得做得最好的是鼎泰豐，它的麻辣黃瓜酸甜辣比例非常平衡，黃瓜爽脆又入味，非常優秀。

我研究了很久，甚至買了鼎泰豐的米醋及辣油，但還是做不出一模一樣的味道，啊，鼎泰豐還是很厲害，我會為了想吃黃瓜而特別去一趟鼎泰豐。

不過這個配方的成品也很不錯噢，夏天時務必用它配冰啤酒。

〈材料〉

黃瓜⋯3根，切成0.5公分的輪切

大蒜⋯1瓣，切片或拍開

高粱醋⋯2大匙

白砂糖⋯2大匙

辣油⋯1小匙

淡醬油⋯1大匙

鹽⋯適量

〈做法〉

1 黃瓜切片，先以鹽殺青。

2 大蒜拍開，加上黃瓜與所有調味料（高粱醋、白砂糖、辣油、淡醬油）一起拌勻，冷藏至少1小時入味即可。

〈TIPS〉

★調味沒有絕對，糖跟醋大致上是1：1，但如果不喜歡太酸，醋就少一點，不吃辣就不要放辣油，很隨興的，重點是調出你喜歡的比例。

什麼是殺青？

蔬菜用二到三％的鹽稍為搓揉，靜置出水後擠乾，可去掉澀味與苦味，也因為去除多餘水分而能保持口感清脆。

水野克俊｜白瓷小缽

涼拌煙燻腐皮

以涼拌菜的標準來看，這道菜算複雜了。通常我會建議大家盡量減化步驟，可省略的步驟就不做，但以這道菜來說，沒有什麼是能省略的。蒜一定要先加熱逼出香氣，降低它的蒜臭，並與醬汁融合，再趁熱澆入所有材料中，快速混拌均勻，熱熱的醬汁更容易沾附在材料上。

會做出這道菜純粹是個意外。某日我買了煙燻腐皮，原本是為了滷肉時加入，可是那天卻忘記退冰豬肉了，但腐皮已買，又無法久放，怎麼辦呢？剛好我醃了一些鹽漬黃瓜準備當清口菜，不如就將它們湊一起吧。雖然是湊合出來的菜，沒想到卻大受好評，我自己也非常喜歡，就此成為我家夏日定番了。

〈材料〉

煙燻腐皮…3塊
黃瓜…1根
大蒜…2瓣，切末
淡醬油…2大匙
蔬菜油或葡萄籽油…2大匙
鹽…少許
辣油…少許
烏醋或白醋…1大匙
糖…1大匙

〈做法〉

1 黃瓜切薄片，以鹽殺青備用。
2 煙燻腐皮切塊。如果擔心市場買回來直接吃不夠衛生，可先快速燙10秒。
3 在小鍋中加入蔬菜油，下蒜末，以小火逼出香氣，香氣上來後，再加入其他所有調味料（淡醬油、辣油、烏醋、糖），拌勻燒滾。

4 將黃瓜、煙燻腐皮放入大碗中，倒入上述的醬料混拌均勻，冷藏一晚入味。

〈TIPS〉

★若想口感更豐富，也可加入炒過的芹菜段、香菇絲與胡蘿蔔絲。這道菜在冰箱中可保存兩天。腐皮若是買不到煙燻的，一般的也可以。

醬燜筍

這是筍季才擁有的奢侈。

在大部分的麵店或中式小館子都會吃到類似的菜，但幾乎都是用筍絲做成，少見用新鮮春筍做的版本。當然了，春筍珍貴價高，大家似乎覺得最好的吃法就是沙拉筍切盤，其他做法都辜負食材。但是一般的沙拉筍總是附上沙拉醬，也就是台式美乃滋，沾了那麼甜膩的醬料，還吃得到筍的清甜嗎？

我也喜歡沙拉涼筍，但是我更常做這道菜，我覺得微微的醬味更能襯托出筍的甜香。

〈材料〉

竹筍⋯1支，切片
大蒜⋯1瓣
淡醬油⋯2大匙
料理酒⋯1大匙
清水⋯2大匙
辣豆瓣醬⋯1小匙（可省略）
新鮮辣椒⋯1／2根

〈做法〉

1 竹筍切片，大蒜拍開。
2 熱鍋下油，先爆香大蒜，待香氣上來後放入筍片與辣椒，翻炒讓所有材料都沾到油，再沿鍋邊嗆入料理酒，待酒氣蒸掉，最後倒入淡醬油及清水。
3 煮滾後轉小火，煮到收汁即可。

〈TIPS〉

★此道菜若是用生筍，要煮久一點。這道菜可熱食也可冷食。

竹筍怎麼挑？

第一要看筍身，如月牙彎彎的最好；第二看筍尖，看上去要軟嫩微黃，不可轉青，若是綠色就表示它老了，吃起來也比較苦；第三摸一下底部，觸感細滑、不會粗粗的為佳。

竹筍要怎樣處理？

竹筍買回來一定要立刻處理，特別是春筍，每晚一分鐘，鮮度就降一分，為了維持它的甜度跟新鮮得要趕緊煮熟。

在市場買竹筍時，老闆常會問：「要幫你去殼嗎？」千萬不要！請務必連殼一起帶回家。去殼後的筍，少了外殼的保護，水分跟甜度很容易在煮的過程中流失。

至於煮的方式，有好幾種建議，包括與米糠同煮，也可以與生米一同煮，都能去掉竹筍的澀味；但台灣的春筍只要挑選得好，其實不大會澀口，我個人滿喜歡筍尖的微苦味，所以也不大會特別去除它。

我習慣的做法是，放入大同電鍋中，外鍋三分之二杯水，蒸好燜五分鐘再取出放涼，帶殼冷藏，盡量讓它保持通風，不要燜在塑膠袋裡，可以保存二到三天，但我通常會趁新鮮吃掉。

樹子苦瓜

苦瓜其實是夏天的菜，退火，價錢實惠。但台灣一年四季都種得出苦瓜，所以即使是隆冬大寒，市場上還是看得到白玉苦瓜的身影。這道菜一定要用白玉苦瓜做，山苦瓜或綠苦瓜都不大適合。

苦瓜除了燉湯外，切薄片炒豆豉小魚乾，或像這裡介紹的，用樹子（也就是破布子）燉煮，染上些許醬色都挺好。

〈材料〉

白玉苦瓜⋯1／2條
大蒜⋯2瓣
破布子⋯3大匙
破布子罐頭的醬汁⋯2大匙
淡醬油⋯3大匙
料理酒⋯2大匙
清水⋯50－80㎖

〈做法〉

1 苦瓜對切，將籽與膜清乾淨，切長條塊。膜是苦味的來源，一定要盡量去除。大蒜拍開。

2 熱鍋下油，爆香大蒜後放入苦瓜，翻炒讓所有材料都沾到油，沿鍋邊嗆入料理酒，待酒氣蒸掉，加入淡醬油、破布子醬汁、破布子炒幾下，最後倒入清水。

3 煮滾後轉小火，將汁收到原本的一半，或是苦瓜都煮透即可熄火，放涼慢慢入味。

滷水花生豆乾

滷味大概是僅次於鹹酥雞，第二常被大家買回家配酒的下酒菜吧。我也喜歡滷味，偶爾會買外面的，但更常自己做。

自己做的話，除非時間充裕，我才會從牛腱、牛肚、雞爪一路滷到大腸，因為真的很費工，要燉要燜要浸泡。大部分時候，我都只會滷一點花生或豆乾，簡單煮簡單吃，放在冰箱二到三天沒問題，可當常備下酒菜。

〈材料〉

水煮花生…200g
豆乾…6片
大蒜…2瓣
八角…2粒
雞高湯…可蓋過所有材料的份量
醬油…4－5大匙
冰糖…0.5大匙
辣椒…1小截（可省略）
蔥花…適量
辣油…適量

〈做法〉

1 豆乾快速汆燙。
2 雞高湯中放入大蒜、豆乾、水煮花生煮滾，轉小火再加入八角、辣椒、醬油及冰糖，以小火再滷20分鐘左右，或至豆乾入味即可。
3 吃的時候可抓一把蔥花、淋一點辣油。

雞高湯怎麼煮？

關於這裡使用的高湯，我的習慣是會利用週末一次煮多一點起來，分裝放冷凍庫，這樣要用時隨時可用。

平常買去骨雞腿時，若是在傳統市場買，可以把骨頭留下冷凍，類似這樣只要煮一點點燉煮料理時，就能拿出來用。雞骨煮之前先汆燙，洗掉表面的殘渣，再放進鍋裡與材料同滷即可，半途可撈出丟棄。

10

甜滋滋的一杯

誰說甜點不能配酒呢？

在法國讀書的那段時間，有時會與幾位法國朋友在家聚餐，喝酒閒聊，法國年輕人，聊天總需要佐酒（與菸）。某日深夜，酒已數巡，下酒菜早清盤，我打開食物櫃拿出一包黑巧克力，七十五%，剝成一小口一小口地吃，配紅酒，隱約記得是一瓶羅亞爾河谷產區的葡萄酒。

「我曾經有位朋友，他也會用巧克力配紅酒。」法國友人毫不掩

來做磅蛋糕吧，
綿密的奶香，深沉的酒漬果乾，肥美的逼人香氣，
一入口，全身所有細胞都醒了，
啊，原來身體渴望著甜。

飾驚訝地說。

「因為他用巧克力配紅酒，所以他不再是你的朋友了？」我反問。

法國友人只是淺笑不答。我會如此問，是因為他用了過去式，「曾經的一位朋友」，那想必現在已不是朋友了。當然這只是酒席間的玩笑，但我知道他對於配紅酒的料理的堅持，絕對是真的。

很多人認為不能用甜點配紅酒，更執著的人甚至覺得不能以甜食佐酒，認為是邪魔歪道。我當然不同意，只要風味不衝突，甜點佐酒沒什麼不好，甜點配甜酒，相得益彰，甜點配烈酒，互補圓滿。

昭和布丁

今年是令和元年，昭和已是上個世紀的事，但其實並沒有你以為的那麼遠。大家口中的「昭和味」仍舊存在於老喫茶店、小居酒屋、小說、電影日劇和很多大叔身上。

那是一種氣味，喫茶店的絨布卡座椅，黑褐發亮的木頭吧檯，已八十歲卻還是打直背脊為客人手沖咖啡的店老闆，也是堅持的老派。當然食物也有昭和味，樸素的肉豆腐、燉煮內臟、切得方方正正的蛋沙拉明治，還有昭和布丁。

如果問昭和布丁跟一般的布丁有什麼不同？大概就是自家製，完全沒添加，不花俏，樸素得不得了，上面一層薄薄的焦糖，像富士山頭。大致來說，昭和布丁的口感比較硬，用較多的蛋蒸烤而成；我的版本則是偏軟，掐在極軟嫩但仍然能翻得出模、再軟一分則塌的臨界點，而焦糖微苦，大人味，只要吃過一次這樣的布丁，就不可能回頭了。

這是我的昭和布丁，給你配一杯白蘭地。

〈材料〉▼此食譜可做4個容量為160㎖，或8－9個80㎖的布丁小模型

焦糖

細砂糖…60g

熱開水…1大匙

布丁體

蛋…4顆

牛奶…450㎖

細砂糖…60g

〈做法〉

1 在模型上抹薄薄一層奶油。

2 先煮焦糖，用一個小鍋裝細砂糖，轉中小火，不用放水，糖會自己慢慢融化。但必須全程顧著，因為糖化了後，轉焦上色會在一瞬間，不小心很容易焦過頭。

3 等焦糖呈現漂亮的深褐色時，熄火，小心倒入熱開水，糖會起泡、噴濺，小心不要燙到。

4 把煮好的焦糖平均倒入模中，輕輕搖晃模型，讓底部都鋪到焦糖。倒好後，將模型放進冷凍庫，讓焦糖快速凝固，大約冷凍15－20分。

5 趁焦糖在冰的時候準備布丁體的蛋汁。把所有蛋都打散，加入砂糖和牛奶拌勻，然後過篩（非常重要，不可省略）。

6 取出冷凍庫裡的模型，小心地倒入蛋汁，以牙籤刺掉，或用廚房紙巾吸一下表面的泡泡。

7 烤箱預熱至150度，在烤盤中倒熱水，放入布丁模，半蒸烤。大約烤20－25分鐘即可，試著用牙籤或探針刺刺看，如果沒有任何沾黏就差不多了。

8 烤的時間與使用的模型大小、深度相關，模愈大就需要愈久；一開始可能要自己抓一下時間。

如何漂亮脫模？

布丁的模有不同選擇，可用小烤盅烤，直接以湯匙挖來吃；另一種是必須翻出來的金屬模，如果要做昭和布丁，當然是後者，不然就沒有富士山頭了。

脫模方法很簡單，拿一個有深度的小碟裝一點點熱水，將布丁模的底部在熱水中泡三十秒左右，讓底部的焦糖略為融化，才不會沾黏在模具底部下不來。再以牙籤或探針仔細沿著布丁壁面刮一圈，拿準備裝布丁的容器蓋在布丁模上，倒過來，輕輕晃一下模型，如果一直翻不下來，再以牙籤從布丁與模型間擠開一點空間，只要空氣進去就馬上下來了。

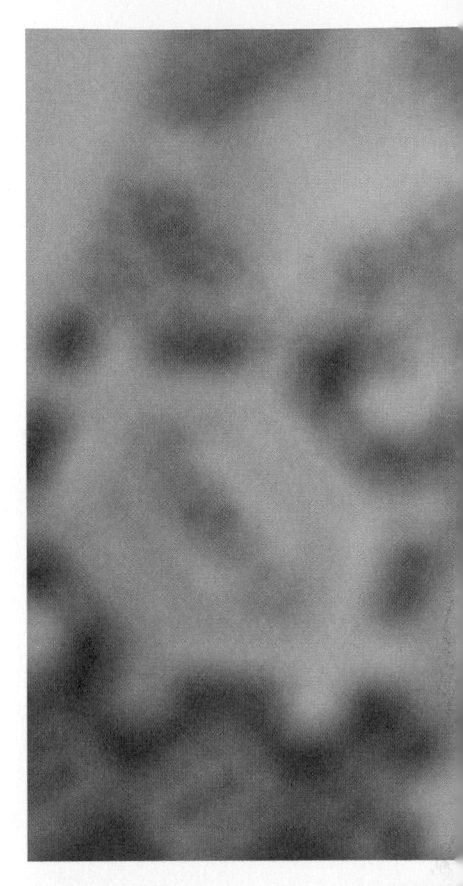

粉紅酒漬甜桃

「妳這桃子是罐頭的嗎？」

我不可置信地抬頭看著問這句話的人，「你覺得呢！」

每年五月開始就是桃子季，先是台灣的五月桃，緊接著有美國壽康桃，再來就是各種水蜜桃與甜桃，我總會煮一堆桃子。雖說要去皮慢煮有點麻煩，但是實在受不了桃子那股甜到底的誘惑，煮好的桃子剔透透著紅粉，又甜美又性感。

我喜歡用粉紅酒煮，粉紅酒聽起來就有粉紅泡泡感，即使它不一定有氣泡。

早年大家對粉紅酒評價不高，不曉得是不是因為以前進口的粉紅酒真的太難以入口，所以到現在還有很多人認為粉紅酒就是品質較差的酒。但其實粉紅酒清爽，微酸，很多酒款帶有濃郁莓果氣息，非常迷人，配白肉、蔬菜或海鮮都極好。在盛夏的南歐，與其說是酒精飲料，不如說是

〈材料〉

桃子：4顆

細白砂糖：40g

香草莢：1根

粉紅酒：350ml

水：350ml

〈做法〉

1 桃子削皮，硬的時候不容易取掉核，建議整顆煮。以刀在桃子底部劃十字即可，刀要深入桃子肉中，而不是只有表皮。將香草莢中的香草籽刮出。

2 在鍋中放入水、粉紅酒、細白砂糖、香草籽與香草莢，煮滾後加進桃子，以微火煮20分左右，不時翻面攪拌，煮到表面略呈透明感即可熄火，放涼，連同桃子汁一起裝罐密封。

3 浸泡至少24小時再享用，第3天後更美味。

飲料，南法甚至在粉紅酒裡加冰塊。

台灣太熱，一年當中大概有三個季節我都會喝粉紅酒，也用來做甜點，煮五月桃，煮西洋梨，做果凍，盡情喝盡情用，享受粉紅泡泡的清新。

煮桃子當然不一定要用粉紅酒，白酒或紅酒也可行，但誰能抵抗粉紅泡泡的召喚呢？

〈TIPS〉

★挑選煮酒漬桃的桃子時，要選還沒熟透的，太熟的桃子很容易煮過爛，我們想要的是口感細緻。

★酒漬桃也可以先切片後，放入冷凍庫，再打成冰沙享用。

FIREBALL
CINNAMON WHISKY

用酒漬桃煮汁來做果凍

用粉紅酒漬甜桃的煮汁，千萬別浪費了，可以用它來做成果凍，和酒漬桃搭著一起享用，是甜蜜加上甜蜜啊！

〈食材〉

果凍
煮桃子的汁…400㎖
酒漬桃…4顆
吉利丁片…6g
薄荷葉…少許
細白砂糖…適量（可不加）
檸檬汁…適量（可不加）

〈做法〉

1. 只取桃子汁用小鍋加熱，如果想甜一點，就加點糖；如果想酸一點，就補點檸檬汁，非常自由。但要加吉利丁前，要先確認總液體量是多少。
2. 吉利丁片事先以冷水浸泡1分鐘，讓它軟化。每100毫升液體需要1.5克左右的吉利丁，如果想要硬一點，可以加到2克；如果喜歡很軟，接近「喝」的口感，也可以用1.2克到1.5克就好。
3. 煮汁微滾後，放入軟化的吉利丁，快速攪拌均勻後就可以熄火入模。冷藏至少6小時讓它凝固。
4. 搭配切丁或切片的桃子一起享用。

〈TIPS〉

★ 煮汁如果不做果凍，也可以加入氣泡水當清涼飲料或拿來調酒。

翻轉焦糖蘋果塔

這道甜點的起點是焦糖，終點也是焦糖。

焦糖是深褐色的渴望，拿一只鍋裝了糖，放到爐上，點火，看著它從細白的糖漸漸化為透明糖漿，再過幾分鐘就會轉為金黃。你盯著鍋底絲毫不敢鬆懈，深怕一分神，糖就焦了。焦糖不等人，人等焦糖。

所有煮糖的人都想要抓住那一瞬間，糖由金黃轉深褐的瞬間，只有短短的一秒鐘，得抓到這一刻，趕緊進行下個步驟，比如熄火，比如倒入溫熱鮮奶油，又比如加幾塊奶油進去，像這道甜點所需要的。

這是起點。

煮過蘋果剩下的焦糖帶蘋果香與酸，少了

甜膩多了爽冽，拿一把小刷把焦糖，實實在在抹上蘋果塔表面，光澤誘人親近，難以抗拒，這大約就是終點。

但也或許，真正的終點是餐桌上，切下漂亮的一塊蘋果塔，配一杯加了白蘭地的黑咖啡，焦糖香氣溢滿餐桌，一頓美好晚餐的終點。

〈材料〉▼此食譜可做1個直徑18公分模型的份量

焦糖蘋果

蘋果…大的2顆，切扇形，每片厚度0.8－1公分
細白砂糖…80g
無鹽奶油…30g

蛋糕體

低筋麵粉…80g
杏仁粉…20g
細白砂糖…80g
無鹽奶油…100g
無鋁泡打粉…1小匙
蛋…2顆

〈做法〉

1 18公分的模型上油，烤箱預熱170度。

2 先做焦糖。在平底鍋中放入細白砂糖，以中大火加熱讓糖融化成糖漿狀，等顏色轉為褐色時，轉小火，放入無鹽奶油，小心攪拌。

3 當糖跟奶油混合，顏色加深後，放入切成扇形的蘋果。剛開始會覺得糖要燒乾或變硬，但蘋果加熱後會出水，因而讓焦糖略為變稀，所以不用擔心，持續拌炒，直到焦糖略為收汁，蘋果軟化，表面微微透明，裹滿焦糖即可，大約需要12－15分。

4 把蘋果鋪進模型底，塞緊，放涼。

5 準備蛋糕體的麵糊。在大碗中將細白砂糖和無鹽奶油打勻（可用攪拌器低速打，比較輕鬆），打至略呈淺黃色的乳狀，再一次1顆打全蛋進去，拌勻，篩進麵粉和無鋁泡打粉，繼續攪拌至滑順沒有顆粒為止。以刮刀以切拌的方式混合，不要過度攪拌。

6 把麵糊平鋪在裝了焦糖蘋果的模型中，表面盡量塗平。放進以170度預熱的烤箱中，烤25－30分鐘即可，取出烤盤，趁熱時翻轉脫模。

翻轉塔要怎樣漂亮脫模？

最重要的關鍵是抹奶油，即使是不沾材質的模，也都務必事先抹奶油；如果是鐵模，除了上油外，可以再撒上薄薄一層麵粉，確保烤好絕對不會沾黏。

很多甜點都需要脫模，塔、派、磅蛋糕都是，若是甜點新手，我建議買活動底部的塔模或派模，可從底部往上推，把烤好的甜點整個推出。

翻轉蘋果塔，顧名思義就是翻過面的塔。出爐後拿一個大盤子壓在塔上，再連盤帶模整個翻面，倒過來放，再用夾子或筷子把模型拿起來即可。

塔餅一定要用杏仁粉嗎？

也可以不用，但是杏仁粉會帶來不同於麵粉的香氣，有些許的堅果味，且杏仁粉的油脂含量高，大約是五〇%，會讓糕點的口感更膨鬆。

法國｜Longwy St. Cloud 大盤
Longwy 瓷器廠最早起源於西元 1798 年

白蘭地果乾磅蛋糕

朋友從台南來台北辦事，為我帶上一包當地名店自家烘焙的咖啡豆，我則送上一條自己烤的磅蛋糕做為交換，禮尚往來。

不久後，朋友有機會吃到東京Pierre Hermé的磅蛋糕，傳了個訊息給我，說：「妳做的比較好吃。」那一天裡，即使工作種種煩心事，但這句話足以維持我整日嘴角的微笑。

當然了，這麼好的配方不能獨享，請務必試試看。

〈材料〉▼此食譜可做2個14×6.5×5公分蛋糕模的份量

全蛋⋯2顆（大約100g）
細砂糖⋯100g
無鹽奶油⋯100g
低筋麵粉⋯60g
杏仁粉⋯20g
太白粉⋯20g
泡打粉⋯1.5g
酒漬果乾⋯1把
白蘭地糖漿（用同等的糖及白蘭地煮成）⋯適量

〈做法〉

1 準備酒漬果乾，以白蘭地與瑪薩拉酒混合浸泡大顆葡萄乾，至少泡一整夜（若泡足一星期會比較有味道）也可只用白蘭地。如果要給小朋友吃，就用一點溫水或糖水泡軟即可。

2 烤箱預熱至180度，烤模抹上

奶油並略撒薄薄一層麵粉。

3 無鹽奶油在室溫放軟，與細砂糖一起攪拌（用攪拌器低速打，比較輕鬆），打到奶油顏色略呈淺黃色的乳狀，再一次一顆加入全蛋，打到接近乳白色，且攪拌器能在奶油糊上留下攪打痕跡為止。

4 將低筋麵粉、太白粉、杏仁粉與泡打粉混合過篩，加入上述的奶油糊中，用刮刀以切拌的方式混合，不要過度攪拌，不然麵粉會出筋，呈光滑狀即可，放入果乾，倒入烤模，送進烤箱。

5 以180度烤20分，打開烤箱讓溫度略降，再調至150度續烤10－15分，用探針刺刺看，沒有沾黏即可。趁熱翻出來，全體（包括底部）塗上事先煮好的白蘭地糖漿。放涼，以保鮮膜仔細包妥，冷藏至少一個晚上再吃。

6 吃之前再切片，以錫箔紙或烤盤紙包著烤熱享用。

關於材料的選擇

這款蛋糕材料及步驟都非常簡單，但材料愈簡單，品質就顯得更重要。我建議盡量用好的奶油，奶油的香氣在這款蛋糕的整體香氣中扮演了最關鍵的角色，可以的話，要用法國奶油。

關於磅蛋糕的熟成

磅蛋糕是需要熟成的，出爐馬上享用當然很美味，口感膨鬆輕盈，充滿奶香；但如果你多放一天，兩天，三天，磅蛋糕是會後熟的，風味愈來愈飽滿。之前在某一期日本雜誌《料理通信》上看到，有甜點師傅在出爐當天先刷一次白蘭地糖漿，以保鮮膜密封後冷藏，三天後再取出刷一次，再三天再刷一次，放一週甚至兩週再吃。糖漿會從表面慢慢滲入蛋糕的中心，讓原本鬆鬆的蛋糕體變密實，也更濕潤，要吃之前再切片，以小烤箱烤熱，極美。

義式奶酪

奶酪與布丁不同，純白無瑕。

沒有焦糖陪襯，沒有雞蛋做伴，只有鮮奶與糖，愈簡單的東西愈困難。要掌握吉利丁與奶的比例，要掌握煮牛奶的溫度，這幾樣條件缺一不可，做出來的奶酪才會輕盈，不帶油味，也才會軟嫩。我覺得奶酪的口感是這樣的，充滿彈力、湯匙挖下去形狀完整，邊緣還能乾淨俐落有線條的那種，也就是大部分西餐廳提供的餐後甜點，都是不合格的，吉利丁太多。

軟軟嫩嫩，吹彈可破，巍巍顫顫，入口即化才是正途。小心翼翼從模型中翻出來，倒一大匙楓糖漿，讓那甜蜜汁液從富士山頭滑落，多美好的墮落。

還等什麼，快吃吧。

〈材料〉▼此食譜可做4個約80㎖的模型份量

牛奶：400㎖

糖：40g

吉利丁：5.5g

〈做法〉

1 模型抹上薄薄一層奶油。

2 在小鍋中以中火加熱牛奶和糖，同時以冷水將吉利丁泡軟。

3 煮到牛奶大約65－70度時，放入軟化的吉利丁，迅速攪拌溶解即可熄火，過篩倒入模型中，放涼後冷藏至少6小時即可享用。

〈TIPS〉

★脫模的方法請參考前面昭和布丁（191頁）。

★因為吉利丁的比例通常是每100㎖用1.3－1.5g，但是愈軟愈難翻

出來，所以大家可以視喜好跟翻模能力，自己調整到喜歡的軟嫩程度。

★如果想要增添一點酒香，可以加一匙杏仁香甜酒Amaretto或白蘭地，配一小杯麝香葡萄甜酒或威士忌，挺好。

11

很多很多杯之後

夜深了，酒杯空了，居酒屋裡群聚的人們漸漸起身，搖晃著身子，扶著彼此的肩散去。

「差不多要收尾了吧？」

「好啊，要點什麼？」

對喝酒的人來說，收尾非常重要，是一段對話的句點，是電影

的散場曲。沒有「收尾」就沒有完結感，就像法國人吃完晚餐沒吃甜點一樣奇怪。而且喝完酒容易胃涼，若是能喝碗熱湯、一碗拉麵或一份實在的澱粉，應該再幸福不過了吧。

這本書看到這裡，大家應該不知不覺喝很多杯了吧，是時候放下酒杯，來收尾吧。

蛋丼

蛋能帶來立即的滿足，白飯也是，這兩樣湊在一起就更無敵了。

即使胡亂做也沒關係，重點是要動作快，從打蛋、下鍋到熄火，一氣呵成，好的嫩蛋應該光滑細嫩，極軟，表面沾著未完全凝結的蛋汁，漂亮的七分熟，大約是這樣。擺在現煮的白飯上，淋點醬油。

日本人講究細節，醬油除了分產地，分熟成年分，分濃淡，還分用途，若是到日本大型超市醬油區一逛，便會發現有指定給「卵ご飯」用的醬油，也有沾生魚片的醬油，沾餃子的醬油等等，非常多樣。因為不同食材有不同特性，必得搭配不同風味的醬油才能完美發揮。

我們可能沒那麼講究，但是挑選一瓶好的無添加釀造醬油還是必須的，找一瓶帶點甜味的醬油，在嫩蛋上滴個幾滴，這是對一顆好蛋的敬意。

〈材料〉

蛋⋯2顆
白飯⋯1碗
醬油⋯適量
鰹魚片⋯適量

〈做法〉

1 準備好白飯。

2 蛋打散，開中火，在平底鍋裡熱稍多一點的油，將2/3的蛋液倒入鍋中，迅速以筷子攪拌，蛋凝結很快，差不多七分熟時，再把剩下的蛋液也倒入，搖晃鍋子，整體到達七分熟時一口氣倒蓋在白飯上。

3 趁熱淋上醬油，撒鰹魚片享用。

〈TIPS〉

★蛋丼很隨興，只要有蛋跟白飯就行，也可以煎一顆荷包蛋放在白

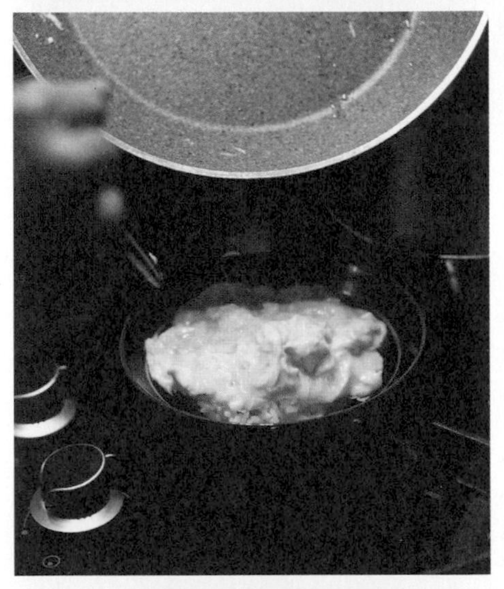

飯上，淋醬油，用筷子把蛋黃劃破的那一刻你會覺得身在天堂（超完美荷包蛋請參考46頁）。

比才乾拌麵

每家都有屬於自己的乾拌麵味道。

小時候比媽總會滷肉臊，再用肉臊醬汁拌麵，那是我一直以來習慣的拌麵味道。長大後我開始到處吃，漸漸吃了外省麵、加了醋的乾麵、蔥油拌麵、麻醬拌麵，每一種都好吃，但不算是我自己的味道。

我偏好細麵勝於寬麵或家常麵，喜歡較硬的口感，拌麵醬要有點辣，帶一些麻油香，醬油也不能太淡。試了幾種醬油，也換了幾種醋，這才找到滿意的味道，百吃不膩。煮了幾次下來，配方比例也就定了，醬油、白醋、桃屋辣醬是2：1：2，再加一點點麻油添香。

煮麵沒什麼學問，抓緊點水與起鍋時間就行，煮細麵不用久，點一次水，再滾即熄火撈起，甩乾水分，與醬料快速拌一拌，有蔥花就加，沒有也無妨。

這就是了，我的味道。

〈材料〉

細拉麵或陽春麵：1球
淡醬油：1大匙
白醋：0.5大匙
桃屋辣醬：1大匙
鹽：少許
麻油：少許
蔥花：少許

〈做法〉

1 燒水煮麵，同時在碗中準備所有調味料（淡醬油、白醋、桃屋辣醬）。

2 麵煮好撈起放入碗中，盡量把麵甩乾，只保留一點點煮麵水，快速拌開、撒上蔥花享用。

豬肉味噌湯

《深夜食堂》裡，豬肉味噌湯是菜單上唯一的一道菜，做成定食，裡頭加了大量的蔬菜，是讓人飽足的暖心料理。另一本漫畫《酒のほそ道》中，主角把豬肉味噌湯當成下酒菜，仔細夾出湯裡配料，一次一樣，慢慢配酒。

我的豬肉味噌湯倒都是收尾，喝完酒的收尾或一頓飯的收尾。可以很隨興，除了豬肉片一定要加（不然就不叫豬肉味噌湯了）之外，其他材料我有什麼加什麼，根莖蔬菜、豆皮、豆腐、蒟蒻、各種菇類，常常一邊擔心「材料夠嗎？」一邊不停加入更多的菜，不知不覺就煮成一碗料比湯多的豬肉味噌湯了。

〈材料〉

日式高湯：1000ml
白味噌或信州味噌：適量
豬五花薄片：100g
白蘿蔔：1/4根
胡蘿蔔：1/2根
香菇：2朵
豆皮：2片
蒟蒻：半塊
蔥花：1把

〈做法〉

1 豬五花肉片、切小片的蒟蒻以滾水燙過，撈起來備用。紅白蘿蔔切薄片，豆皮切小塊，香菇切片。

2 在大鍋中炒燙過的肉片及所有配料（除了蔥以外），再加入日式高湯，煮滾後轉小火煮15分鐘，所有材料都熟了後，熄火，加入味噌拌勻。

3 要喝之前再撒上蔥花。

〈TIPS〉

★為什麼要先燙豬五花片？五花肉片較肥，油脂多，先燙過可去除部分油脂，煮出來的湯較清爽不油膩。

茶泡飯

日劇上常出現一種場景，加班到很晚（或喝酒晚歸）的男主人回到家，粗著嗓子問太太說肚子餓了有什麼可以吃，很盡責的日本好太太會端出一碗漂漂亮亮、工工整整的茶泡飯，附一小碟醬菜；覺得老娘不爽超火大的日本太太，或許會大聲回絕：「你自己想辦法，喝到這麼晚還要我伺候。」被罵的男主人會自己想的辦法，大概也是去翻電鍋剩飯，倒點熱茶，成了一碗茶泡飯。

實在是，殊途同歸。

但茶泡飯就是這樣，可簡可繁，以簡單的狀況來說，連醉酒的大男人也能做得出來；若是想複雜精緻，那當然也是可以很精緻的。

〈材料〉

白飯⋯2／3碗

日式高湯、煎茶或焙茶⋯350㎖

配料⋯適量

烤鮭魚或市販的茶泡飯料⋯適量

〈做法〉

1 在碗中裝好白飯，冷的也無妨，但不要是冷凍的，如果是冷凍的飯要事先解凍。

2 加入烤過並事先剝散的鮭魚，再沖入熱高湯或熱茶即可。如果沒有適合的材料，也可以直接用市販售的茶泡飯料。

〈TIPS〉

★ 哪些東西適合當配料？烤過的魚肉、鹹鮭、日式梅干、醬菜，奢侈些也可以放上鮭魚卵或海膽，家裡沒什麼材料的話，也可以把海苔剝一剝加進去。沒有現成的茶泡飯料，也可以自己調製，高湯先調過味，加一點海苔絲、小米果，甚至三島香鬆都可加進去。

檸檬冷麵

曾經在東京一家小關東煮店吃到讓我回味再三的檸檬拉麵，細卷中華拉麵，加了熱高湯與檸檬汁，再放幾片檸檬。那天同桌的友人都飽了，但又想嘗鮮，所以五個人分食一碗，一人只嘗一小口，實在太美味了，回台灣後大家仍念念不忘。

後來其中一位朋友找了一段影片給我，是九州的酸桔冷烏龍麵，好誘人啊，不如先試試冷麵。我將酸桔汁換成黃檸檬汁，烏龍麵換成素麵，成品果真非常好，盛夏的夜晚喝過酒，用這個收尾也不錯。

〈材料〉

黃檸檬…2顆
讚岐細麵…2束
日式高湯…500㎖
白芝麻…2大匙

〈做法〉

1 先準備日式高湯，可用昆布、乾香菇與鰹魚片煮製而成，放涼冷藏。

2 黃檸檬洗淨輪切半圓薄片，另1顆壓汁。

3 煮讚岐細麵，起鍋後立刻冰鎮。

4 在大碗中放入麵條、高湯，鋪好黃檸檬薄片，撒上白芝麻。上桌後視各人喜好加入檸檬汁。

沙丁魚義大利麵

義大利麵在正式的餐廳中，是與燉飯一起被視為「第一道（primi）」，在主菜前上場。但我曾經在雜誌上看到介紹，一家日本的居酒屋將義大利麵當成收尾，提供各式各樣帶有日式風情口味的義大利麵。義大利麵無論如何也是一道熱騰騰的醣類，這樣想想，好像也不那麼違和了。

而且，鹹香的沙丁魚味，好像又能再配一杯酒（？）

有閒情逸緻的時候，我還會自己做手工麵。從揉麵開始，不要覺得會弄得滿手麵粉糊，好像麻煩又狼狽，但其實揉麵是全世界最療癒的事情之一，有義大利壓麵機的幫忙，做麵其實很容易，第一次做可能會手忙腳亂，但第二次做就上手了。

〈材料〉

沙丁魚罐頭…1罐
大蒜…2瓣
辣椒…1小截
義大利麵…2人份
鹽…適量
黑胡椒…適量
義大利香芹…1小把

〈做法〉

1 在深鍋中燒水，待水滾後加入幾大匙鹽（份量外，大約為水量的1%），再放入義大利麵，煮的時間每種麵不同，請參考包裝上的說明。煮至彈牙即可撈起，不需完全煮軟。

2 另起一鍋準備拌炒麵，打開沙丁魚罐頭，先在鍋中倒入罐頭中的所有油，放入蒜片與辣椒，開中小火逼出香氣，再放入沙丁魚，以鍋鏟將沙丁魚壓成小塊。

3 炒至沙丁魚及油吱吱作響、冒小泡即可熄火，倒入煮好的義大利麵及兩大匙煮麵水，稍微翻幾下鍋讓麵與醬、沙丁魚混合均勻，以鹽及黑胡椒調味，最後撒上義大利香芹末增加香氣即成。

〈TIPS〉

★ 麵條千萬不要煮過頭，一般市販的義大利麵，包裝上都有寫出建議烹煮的時間，請參考它。

★ 沙丁魚罐頭一般來說是油漬，台灣買得到的大多是葡萄牙或西班牙產，魚骨酥軟，全魚皆可食，而罐頭內的油漬醬汁除了油本身外，還包裹了沙丁魚流出的湯汁，非常美味，拿來拌麵正好，可千萬別浪費。

如何手做義大利麵？

如果不想買現成的義大利麵，也可嘗試自己手做，吃過一次手做的麵，就不會想回頭囉。配方很簡單好記，每一人份足份的麵條大約是一〇〇克的麵粉配上一顆蛋，二〇〇－三〇〇克的麵粉是好操做的份量，如果是手揉的話，建議一次最多不要做超過三〇〇克，比較好掌控。

〈食材〉

低筋麵粉或杜蘭小麥麵粉…200g
全蛋…2顆

〈做法〉

1 在乾淨的桌面倒上麵粉，把麵粉堆成一座小山狀，用手指在中間挖一個凹槽。
2 在凹槽內打入2顆全蛋，以叉子慢慢攪拌蛋液，小心拌勻，並一點一點地將旁邊的麵粉拌進來，直到麵粉全拌入，改以雙手操作。
3 以手揉麵，將麵團揉至均勻、無顆粒、表面平順，大約需時5到10分鐘。揉好後，放入大碗內以保鮮膜或溼布覆蓋，讓它休息醒麵30分鐘。
4 醒好後，以擀麵棍或壓麵機將麵團慢慢壓成薄麵皮，切成想要的寬度即可，在表面上撒些麵粉，才不會沾黏。
5 手做的新鮮義大利麵，冷藏可保存2天；也可掛在曬麵架或衣架上乾燥，大約能保存2到3天，優點是不會沾黏。

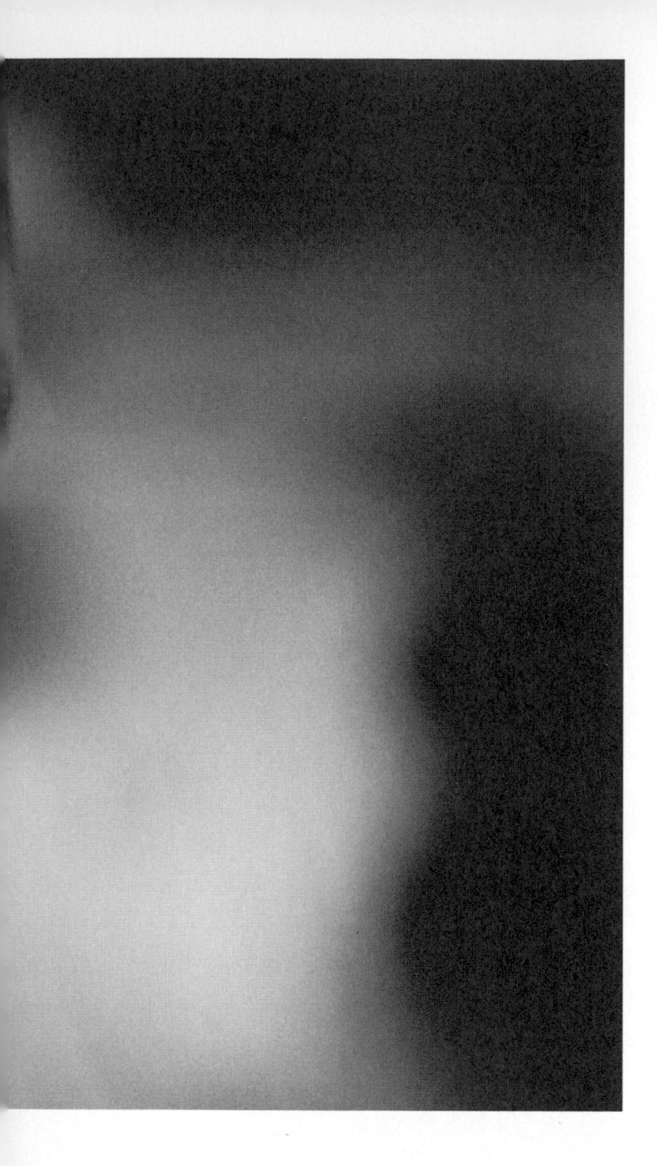

12

為自己調一杯

酒沒有貴賤之分，對我來說，只有喜不喜歡與適不適合之分。

大部分時候，我會以紅白酒、啤酒或日本酒搭餐，平日喝一杯也大約不出這幾種酒。但偶爾會想喝不是那麼制式的酒，不是別人事先做好，我只能接受而無法介入的酒，有的時候，需要超出生

活日常，尋找不同的風情。這時候我就會為自己調一杯酒。

沒有下酒菜的時候，酒就是主角了，不需要考慮搭不搭餐，只需要考慮搭不搭心情；餐後想吃甜食，手邊卻剛好沒有甜點，不如來一杯甜酒或調酒。威士忌、白蘭地、伏特加、幾款香甜酒，家裡架上隨時備著這幾款酒，只要有它們和氣泡水、蜂蜜，大致上就能變化出幾款花樣。這些酒或許無法登上真正的酒吧之堂，不是什麼上得了檯面的調酒，但簡單純粹，歡喜日常。

檸檬沙瓦

檸檸沙瓦，我一直以來都以它的日文稱呼它，レモンサワー，在日本的居酒屋或餐廳一坐定，我通常都先點它，再加一、兩樣基本小菜。用滿滿的酸涼氣泡潤潤喉，再慢慢研究菜單往下點，開始點菜。

所以說，檸檬沙瓦是居酒屋文化的基本也不為過。

少數店家會加糖漿，大部分不會，我的話會看場合，如果只是單純喝一杯，不搭餐的話，我會加一點自製的檸檬糖漿；如果是搭餐，那就不加，以有甜味的酒來佐餐下酒，有時比較干擾菜餚的滋味。

〈材料〉

喜歡的日本酒或日本燒酎…15㎖

黃檸檬角…1個

黃檸檬汁…15㎖

糖漿…適量（可省略）

氣泡水…150㎖

冰塊…適量

〈做法〉

在杯中放入適量冰塊，擠檸檬汁、倒入日本酒或燒酎，最後再倒入氣泡水，攪拌均勻即可。

〈TIPS〉

★檸檬沙瓦的變化版：

沙瓦在台灣的居酒屋也相當普遍，在日本當然是定番，有很多變化，比如把檸檬汁換成濃縮的可爾必思、梅酒或其他果實酒，味道的基底就變了。也可以把氣泡水換成冰麥茶、冰烏龍茶。我

也試過一半的氣泡水配一半的新鮮蘋果汁，再加燒酎，都很好喝。

台灣的一年如夏，我覺得除了冬天外，都很適合喝沙瓦。

白蘭地蜂蜜咖啡

高中時，教室後面有一排櫃子，每人一格，大部分同學都放私人物品，球鞋、運動服或書一類的，那些女校學生會放在學校的尋常玩意。

我少與同學來往，只過自己的日子，僅與幾個比較熟的同學談話，下課時間就在學校裡散步閒晃，很自在，絲毫不在意同學背後偶爾的閒言閒語。我的櫃子裡放了一小瓶白蘭地，用沒有標籤的小罐子裝，不說沒人曉得那是什麼，還有茶包、即溶咖啡、茶杯、小盤子與湯匙叉子。

我每天在學校以茶包泡茶，沖黑咖啡，那個年代還不流行掛耳包，有不甜不加奶精的即溶咖啡已經稀奇，然後再加一點點白蘭地，我都說是提味醒神。

或許是青澀年代對成為大人的嚮往，也或許是對無聊高校生活的無言抗議，我每天在學校做著這些不痛不癢，但老師可能無法非常贊同的事，喝有加酒的咖啡，數學課無

〈材料〉

咖啡：150㎖

白蘭地：10㎖

蜂蜜：適量

冰塊：適量

〈做法〉

先在杯中倒入蜂蜜，再倒入熱咖啡，用咖啡的熱度將蜂蜜融化。再加入白蘭地與冰塊拌勻。

視於老師，以小碟與叉子吃著剝好皮的葡萄，我知道老師拿我沒辦法。

時間過去，我成為真正的大人了，當年的什麼都像風一樣過去了，但我一直記得那幾年裡，加了白蘭地的咖啡味，有點苦，有點嗆，有點辣，可能還有點酸楚。

艾普羅香甜酒蘇打

苦中甜的滋味，是深沉的大人味。

Aperol與Campari是同一家公司的姊妹款酒，相同點為皆以柑橘釀造而成，Aperol是南歐特有的苦橙，Campari是葡萄柚，所以兩者都帶點苦。

不論是Aperol或Campari，都是很常見的開胃酒，義大利的春夏隨處可見，每家咖啡館、酒吧或小餐廳一定有，甚至大家從中午就開始喝了，夏天坐在戶外座位區，看看四周，可能十桌裡有五桌以上至少有一杯這種紅澄澄的飲料，夏天哪。

〈材料〉

艾普羅香甜酒…20ml
氣泡水…適量
檸檬角…1個
冰塊…適量

〈做法〉

在放了冰塊的杯中倒入艾普羅香甜酒及氣泡水，擠進檸檬汁即成。

〈TIPS〉

★如果需要多一點酒精（?），也可用20ml的艾普羅香甜酒加入10ml的氣泡水和30ml不甜的氣泡白酒，就成了Aperol Spritz啦！

Suntory
Whisky
LIMONERO

蜂蜜威士忌

深夜睡不著，你會起來看書、轉電視、滑手機還是躺著繼續數羊？

我會起來喝一杯。

這時要喝的酒必得甜，甜才療癒，甜才安定心神，甜帶來滿足，現成甜酒何其多，但這種時候我會自己調。威士忌是我家的常備酒，選一支喜歡的威士忌，不需要太頂級，再拿下櫃子裡珍藏的義大利檸檬蜂蜜，不到三分鐘就能完成一杯蜂蜜威士忌。

〈材料〉

威士忌：20㎖

蜂蜜：10㎖

氣泡水：40㎖

冰塊：適量

〈做法〉

在杯內倒入威士忌和蜂蜜，先攪拌均勻，再加入氣泡水與冰塊就完成了。

自製檸檬酒

會動手自己釀檸檬酒，一來是因為喜歡檸檬，二來是因為不想跟大家一樣。

每年到了四月、五月、六月，臉書上總會看到許多人做漬梅、梅醋或梅酒，我們家其實也釀梅酒，那是比媽每年的大事。所以我想釀點不一樣的酒，我很喜歡義大利的Limoncello，是南義夏天的聖品，當餐後酒喝小小一杯，挺不錯。

台灣不容易買到Limoncello，既然想喝不如自己做，而且做法並不複雜。台灣本土產的黃檸檬在六月底到九月盛產，趁這個時候釀幾大桶起來，聖誕節與跨年就有新酒喝了。

〈材料〉

黃檸檬⋯6顆

黃檸檬汁⋯2顆份

大粒冰糖⋯6顆檸檬總重的1／2到2／3左右

伏特加⋯1瓶（700㎖）

〈做法〉

1 將2顆黃檸檬榨汁，6顆黃檸檬洗淨、擦乾，秤重，冰糖的量為檸檬總量的1／2到2／3。如果想甜一點，就多一點糖，喜歡酸一些，糖就少一些。

2 以削皮刀削下黃檸檬皮，小心只削黃色部分，不要削到內層的白膜，備用。

3 再將黃檸檬上剩餘的白膜全削乾淨，白膜丟棄，再將檸檬切片。

4 在乾淨瓶內先鋪一層冰糖，再鋪一層黃檸檬片，以此類推直到黃檸檬片與糖都鋪完。將檸檬皮放

在最上面，倒入伏特加與黃檸檬汁，蓋上瓶口，搖一搖瓶子。

5 之後1週內每天搖晃瓶子，7到10天時，打開來把所有黃檸檬皮取出。繼續靜置直到滿6個月，再把酒濾出裝瓶，愈放愈好喝。

〈TIPS〉

★釀酒的基酒也可以替換為琴酒，會多一點藥草香；用日本燒酎或白蘭姆酒亦可。

★怎麼喝？可以純飲，加冰，加氣泡水，甚至也可以用它來調沙瓦，就能省略燒酎。

附錄

家酒場的七個關鍵字

感謝微風超市（微風廣場店）特別協助照片拍攝。

選酒

我最常在大賣場買酒。

當然也有認識的酒商，平常會固定光顧，或每年在酒展時一次買多一點，偶爾同事開團購也會跟，但大部分的日常飲酒，都一定在大賣場挑選。選酒沒有絕對正確的法則，只有個人主觀的喜好，以我一個純外行的喝酒人，分享幾個很簡單的建議：

一、不要迷信高價酒、評分與得獎

有看過漫畫《神之雫》就知道，並不是所有好酒都貴，也當然不是所有高價酒就一定好喝，喝酒還是看個人口味居多，我覺得驚為天人的酒，你可能覺得太澀了。大賣場為了幫助客人選擇，會在各支酒上面寫上*Decanter*（醇鑑）的評分、得獎紀錄等，那些都是參考，千萬不要覺得買有得獎的酒就一定好，買了回家若是覺得不好喝，也不用擔心是自己品味不好或沒舌頭才喝不出來，只是它剛好不對你胃口而已。

如果你在兩支酒間猶豫，不曉得要選哪一支，那的確可以看看誰的分數比較高。現在有不少好用的APP，一掃就能立刻馬上查到評價，但不用特別為了找九十分以上的酒而找。

我的日常用紅白酒，大概都會抓在五百元以下，因為我太常喝了，不大可能喝高價酒，貴的酒還是會買，但就是特別的場合或朋友聚餐。我的看法是，喝酒以開心、享受為主，除非你為了品酒與鑑賞，那當然另當別論，但如果只是日常飲用，那就在預算內挑選看得順眼的即可。

二、想像搭配的料理或飲用場合再入手

這其實是個很抽象的概念，買酒的時候真的會知道要搭什麼菜嗎？除非是天天上超市買菜買酒，那就可以一起考慮。可惜這樣的場景，大多是電影才有，帥氣的男士推著推車，挑了一瓶好年份的 La Tour，於是決定買一塊高級的肋眼牛排和藍乳酪，我想大多數人的日子不是這樣過的。

我的意思是，選酒時要考慮平時的飲食偏好與習慣，比如家裡都吃中式嗎？還是會吃西式呢？喜歡怎樣的菜色，海鮮多嗎？白肉多嗎？還是紅肉多呢？會吃起司嗎？如果你以清淡飲食為主，那就不要選太厚重的酒；如果每餐魚肉海鮮均衡，那不如選白酒或粉紅酒，因為它們大致上可以同時搭海鮮跟肉類。如果家裡的口味偏向日式，也可以考慮吟釀或燒酎。

吟釀和紅白酒一樣，開瓶後要儘快喝完，抽真空可以多放一天，但我覺得開瓶四天已是極限了。但燒酎是烈酒，比

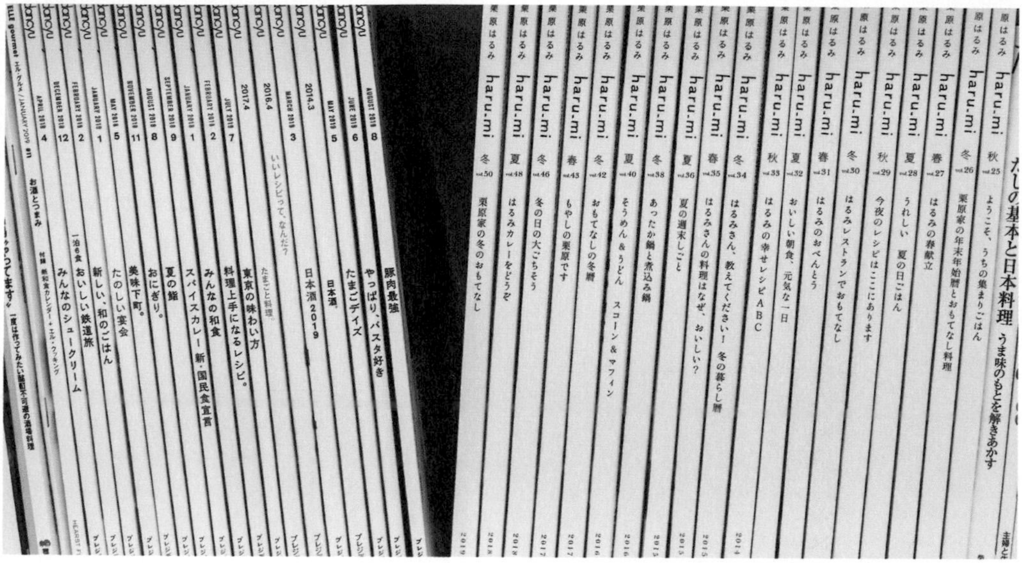

較耐放，只要把瓶口轉緊，撐一、二個月沒問題，適合酒量不好或不能常喝的人，擺著慢慢喝，而且以搭餐來說，燒酎還滿百搭的。

此外，季節也要考慮。夏天炎熱，我通常喝較多啤酒，也傾向喝涼爽、偏酸的酒，這時我就不大會買紅酒，除非是清爽系的。但冬天就顛倒過來，冬天的酒以燒酎、威士忌和紅酒為主。烈酒暖身，冬日我一定會常備；而紅酒也會挑選比較厚實，尾韻綿長甚至帶甜的酒，比如風乾葡萄釀的酒。

三、多嘗試，找到自己喜歡的產區及酒種

多看看酒類雜誌，或多翻翻國內外飲食雜誌，上面都有不少介紹可參考，但我覺得最重要的還是了解自己的口味。

我鼓勵大家多嘗試，頭幾次買一定不知道要怎麼選，可以先從產區切入，想想那裡的風土和那裡的特色料理，想像

那個味道是不是你的菜，如果是的話，不如一試。如果真的很猶豫，那就選瓶子漂亮、酒標順眼的。

但是要做功課，把喝過的酒拍下來，記下它的風味與你的感想，多喝多試多累積你的紀錄，漸漸就會找到喜歡的味道，你會開始明白你喜歡隆河谷地勝於波爾多，你喜歡Sauvignon Blanc勝過Chardonnay，久了你就沒有選擇困難了。

BIN 8
BIN 8
EDDIE
McDOUGALL
KING VALLEY

採買

我熱愛傳統市場。

但我也是個上班族，所以只有週末有空上市場。每到週六，我甚至會特地轉了鬧鐘，比上班日更早起，因為實在擔心去晚了市場沒菜。我曾經做過睡過頭、晚到市場的惡夢，每一攤都是殘局，一個熟識的攤家說：「都幾點了，妳現在才來？」還好是惡夢。

我非常推薦大家去傳統市場買菜，不只因為它的人情味，我在一攤魚販上跟賣魚大叔學會了很多魚的知識，也大大拓展了烹調海鮮的領域。如果你信任你常買的店家，你就該信任他向你推薦的本日食材，他會告訴你現在當季的菜是什麼，什麼可以吃什麼不要買。如果不確定那樣食材該怎麼煮，就問店家吧，他們經驗老道，通常都不會錯。

傳統市場還有另一個我很需要的好處：所有食材都可以只買一點點，即使是一根蔥，這真的是一般超市沒有的服務。超市的菜都事先包好，乾淨清爽，但有時候就覺得太多了，我不想要那麼多芹菜呀，我只是為了貢丸湯上面飄浮的綠意和香氣，根本就不用一整把，這時候就需要傳統市場，買兩根已足。

如果你不常做菜，只在週末煮晚餐，或像我一樣，偶爾做點簡單下酒菜，那就更不能買大份量，吃不完只會放到爛，最後送進垃圾桶。大賣場或Costco當然很划算，不論是肉類或蔬果都是，因為大量，所以壓低了單價，但若是常常吃不完，還是浪費，並沒有省到錢。

我也愛逛超市。

我喜歡琳瑯滿目、眼花撩亂的感覺，所以不論到哪個國家哪個城市都一定會逛超市，從生鮮逛到魚肉海鮮，從酒水飲料再到罐頭醬料。什麼樣的食材我一定會在超市買呢？

大部分的生鮮我都在傳統市場購買，除了少數進口食材或特別的材料，如西式香草植物、進口水果、生魚片或日本和牛外，超市還是以罐頭與醬料為主。不是愛用舶來品，而是有些東西真的沒辦法，非得認明產區，買進口的不可，熟成味噌、日本手工醬油、漬物、鮪魚罐頭，都是我每週得光顧一次微風超市的理由。

不論超市或傳統市場都有很多半成品或成品，雖說盡量自己動手做很好，但有些錢還是可以給別人賺，買回來再加工也挺好。比如說傳統市場的滷味，擔心衛生問題，我通常不會買回來切片即食，而是加一大把蔥薑蒜苗，做成炒滷味，還能自己多加點辣；又或是超市熟食部的熟海鮮，再加一點檸檬、柑橘、萵苣做成沙拉，都很方便。平日的晚餐或太累不想大動鍋鏟時，擅用半成品或罐頭就非常重要了。

食材櫃

你的食材櫃裡有什麼？

我有五罐鮪魚罐頭、五罐沙丁魚罐頭、兩罐鱈魚肝罐頭，冰箱各種醬料的備品各一罐，不同等級、不同產區的橄欖油三到四罐，義大利麵、日本素麵、義大利米、日本米、粉絲、米粉、果乾、可可粉、各式麵粉、不同的糖，還有一些零食餅乾與札幌一番拉麵。

我常開玩笑說，如果哪天世界末日了，我關在家裡應該還能撐一陣子，因為我有不少備糧。其中大家最不理解的是鮪魚罐頭。我家裡真的隨時保持五罐鮪魚罐頭，只要低於這個數量就得趕緊補，不然我會焦慮。鮪魚罐頭很好用啊，我一向只買油漬的，水煮的肉質偏乾。鮪魚罐頭可以拌沙拉，做抹醬，調醬汁，蒸蛋，做三明治，做涼拌菜，

什麼都沒有的時候，擠點檸檬汁單吃也很好，還能當下酒菜，到哪裡找這麼百搭好用又便宜的食材呢？

如果你常常煮食，家裡空間夠的話，很建議大家把自己常用的品項開一個清單，隨時齊備，食材櫃滿滿很安心。

冷凍庫

我的冷凍庫比冷藏庫精采許多。

我的冷凍庫一定會有冷凍牡蠣、冷凍蝦與可生食的干貝，為了就是深夜突然想喝一杯時，這幾樣都能快速泡水退冰，快速烹調，一定要備。還有牛排或牛小排也是不能少的，隨時想吃隨時退冰。也有一些煮好分裝冷凍的菜，比如義大利肉醬、紅醬、雞高湯、牛骨高湯等，日式高湯則不會冷凍，因為從頭開始煮也不過二十分鐘。

麵包、法棍、細拉麵、餛飩皮也是冷凍庫常客，大約都是一吃完我就會立刻補的材料。

但我最重要的食材，其實是兩份老滷，一份中式一份西式，要是哪天要逃命我一定會帶著它們走。每回燉牛肉時，我

會從冷凍庫裡拉出中式或西式的老滷，再加新的醬料與佐料進去，讓燉肉吸取老滷的精華，同時也釋放出新的風味回饋給老滷。一鍋燉肉成就後，將殘渣濾乾淨煮滾放涼凍回去。這概念與一些名店的醬汁一樣，那一鍋永遠都煮著，不熄火，每天加新的進去。

調味料

我的調味料很多，非常多，一整排看過去很壯觀。

之前曾發生一件事，家裡另一人某日中午時間打電話問我：「我要煮水餃來吃，到底要沾哪一罐醬油啊？」真是抱歉，醬油太多造成家人困擾，此刻算一算，我的冰箱裡總共有七罐不同的醬油。可別誤會，真的每一瓶都有在用，只是用途不同罷了。

以下是我的常備醬料：

◆金桃醬油

無添加的釀造醬油，共分三月、五月、八月、臘月與白醬油五種，還有油膏，月份愈大愈濃愈陳。我通常會同時備有三月、八月與臘月。三月拿來做涼拌菜或拌麵，這本書中所寫的「淡醬油」就是三月，偏淡，尾韻帶甜，接近白醬油的風味。八月炒菜或燉肉皆可，臘月燉肉非常棒。

◆黑豆純釀醬油

一般的醬油，品牌不固定，原則上是百搭的日常醬油。

◆九州風味的偏甜醬油

被我拿來當桌邊醬油使用，因為比較甜，很適合加荷包蛋或冷豆腐，沾涼筍也是一絕。

◆日式高湯醬油

這當然也能自己做，用黑豆醬油加昆布與鰹魚片熬煮入味即可，不過自己做的不能放，我試過幾次，常常抓不準用完的時間以致於有點浪費，後來就還是用買的。

金桃
三月
醋中極品
滋味絕頂
SPÉCIALITÉ D'HUILES
A L'OLIVIER
1822
LEMON FROM MENTON
CHATEAU
VIRANT
HUILE D'OLIVE
2017
Casa Rinaldi
balsamico di modena IGP
mosto sacro
MAILLE
Grande Cuvée
VINAIGRE DE VIN ROUGE
RED WINE VINEGAR

伝承蒸米仕込
精醸清酒
黒松白鹿清酒の特徴
黒松
白鹿
長生自得
千年寿
六甲伏流水
宮水仕込
THE REFINED JAPANESE SAKE
2000
高級香醋
民國三十八年創立
恒泰豐行
高級香醋
Vinegar
寺岡家のこだわり
丸大豆醤油
Soybean Paste
陳年
豆瓣醬
OPEN
千鳥酢
桃屋の
辛そうで辛くない
少し辛い
ラー油
白酒

◆**日式白醬油**

顏色很淡，也是以鰹魚風味為主，做日式調味很便利，而且色淡，適合用在不希望色澤太深的料理上。

◆**桃屋辣醬**

我的百搭聖品，它曾經一度斷貨，害我緊張得要命，後來每次買都以三瓶為單位。可以拌麵、拌涼菜、沾餃子、調紅油抄手、配水煮蛋、炒菜燉肉。我無法想像我的人生中沒有桃屋辣醬的那一天。

◆**千鳥醋**

來自京都的純米醋，比起一般的白醋，更為溫潤不嗆，或是說，一種婉約。我會用來做涼拌菜或拌麵。

◆**高粱醋**

相較於千鳥醋當然是平價許多，比起米醋多了一股香甜，

通常拿來做大份量的醋漬。

◆**巴薩米克醋**

絕對是醋界的勞斯萊斯，陳年超過六年，品質好的巴薩米克醋價格不菲，但是它絕對值得。可用來調沙拉醬、煮果醬或做酒漬水果時提味添色，與橄欖油一起沾麵包，加在冰淇淋上，只要一滴就有驚人的美味。

◆**雪莉酒醋、紅酒醋與白酒醋**

我至少會有其二，用完再補。做燉菜或濃湯時，如果覺得少了點什麼味道，調味差了點什麼，那個說不出的「什麼」通常是醋，只要幾滴，就能立刻讓一鍋菜亮了起來。另外當然也可以拿來做沙拉醬與做醋漬蔬菜。

◆**豆瓣醬**

做川菜或中式燉肉時，滿常需要一匙豆瓣醬的，這種發酵

過的食材很能為料理加點層次。我通常買明德食品出產的手工系列，有辣豆瓣與不辣兩種，我會兩種都備著。

◆李錦記蠔油

一定要李錦記，不是我在替它打廣告，它就是蠔油的代名詞。這款醬我用得不算多，但偶爾想吃蠔油牛肉、蔥爆牛肉，還是需要它。

◆中濃醬

中濃醬是許多日本人的心頭好，據說熱愛中濃醬的大阪人，每戶人家都有好幾瓶，酸酸甜甜的味道，有點接近英國的伍斯特醬，除了當沾醬外，最常見的就是拿來做日式炒麵了。

◆橄欖油

我有一般橄欖油，和兩、三種等級較高的初榨橄欖油。一般橄欖油通常用在油漬或油封，一次用量大的時候。但如果是沾麵包、調沙拉醬，淋在料理上做為一道菜調味的收尾，那就一定要用非常好的。我通常會準備幾種不同風味的油、溫和的、堅果味濃的與辛辣的，就能做出不同風味的沙拉醬汁。

◆手工果醬

我其實不常吃果醬，抹麵包或餅乾這種情境在我家很少發生，但是我還是會常備果醬，為了醃肉或泡茶。以前我會買進口果醬，但想想何必呢？台灣現在的手工果醬根本就傲視全世界。

◆料理酒

我其實是用便宜的日本酒來當料理酒，上引水產有賣兩公升裝的，可以用很久。

擺盤

好的擺盤可以為料理加分，它並不一定會讓餐點真的變得更美味，但絕對會讓餐點「看起來」更美味，也更誘人，所以只要時間許可，我會盡量花點工夫擺盤。但所謂的擺盤不是像Fine dining那樣，大白盤上菜只偏向一側，留下大量空白，或層層堆疊出一座花園，不是那樣的。

我認為家庭料理的擺盤有幾個原則：

一、排列邏輯

有的時候我們看著一盤豐盛的菜，卻不知從何下筷，我認為擺盤最重要的目的之一，應該是把食物在器皿上理出一個排列的邏輯，整整齊齊，乾乾淨淨，也讓吃的人一眼即知怎樣拿取。

二、不要太刻意

雖然說要整齊，但也不能太刻意，比如把所有秋葵都轉同一方向，還按照長短排，那就顯得呆，在整齊中帶一點點不經意的亂，反而比較自然。

三、適當留白，不然就全滿

不要把盤子全部擺滿，有的人為了顯示澎湃感，每道菜都堆成小山或滿到盤子邊緣，看起來是很豐富沒錯，但氣質略差了一點，而且視覺上過於平面，也看不出盤子的設計或紋樣。但有的時候的確需要全滿，比如薄如紙的生火腿片，可以透光的生魚片，這種本來就相對扁平的菜色，或是視線能透過食物穿透，看到盤底的菜，就可以排滿滿，滿到邊邊，甚至故意露一點點在盤外。

四、營造高度

特別是中式炒菜，裝盤時試著用大夾子把菜往中央堆高，盤子的邊緣務必留出空間，這樣在視覺效果上很漂亮，不會一片平坦。不同的高度在餐桌上也能營造出層次感，不會每道菜都是平的。

五、色彩協調

為每道菜都找出一個色彩亮點，比如顏色不一樣的材料，蔥爆牛肉裡的紅辣椒，油漬甜蝦裡的黃檸檬片，麻婆豆腐上的蒜苗，烏魚子片旁邊的白蘿蔔。如果沒有的話，就在與味道協調的情況下製造一個，比如紅燒牛肉上灑點蔥花，或在前菜拼盤上放一朵食用花。

器皿

我是無可救藥的器皿控。

前面提到擺盤要搭配顏色，其實也要搭配餐具來整體鋪陳。以前我有種無聊的堅持，某一些盤子只能放西式料理，某一些只能擺中式，直到有一天我突然想通了，為什麼我要自己給自己限制呢？從此我開了一扇新的窗，很隨興地使用器皿。用濃縮咖啡杯來裝濃湯或茶碗蒸，用法國古董盤放台式家常菜，以酒杯盛放甜點，以超大的盤子來裝一點點的小菜，非常自由。

我的餐具櫃裡有幾乎整套的皇家哥本哈根白瓷餐盤，那是趁週年慶時慢慢買齊的，每種尺寸都有六個。一般來說，請客時，我會想讓大家用整套的餐具，每個人都相同，很整齊，但如果說到有料理的趣味或個性，就稍微弱了點。

這兩年我一直在收歐洲的古董老盤，法國的、英國的、比利時或義大利的都有，我喜歡藍花，也喜歡滾金邊，所以刻意在歐洲找了許多Limoges的餐具。為了這些美麗的老盤，我打破向來「所有西式餐具都要成對」的原則，因為老盤靠緣分，可遇不可求，不一定能有兩個或更多。

讀到這裡，大家一定會想知道到哪裡買古董盤吧。我的老盤大約有一半是跟臉書社團「器味」買的，器味的主人品味好，眼光俐落，是住在比利時的台灣人，親自到比利時或法國的市集挑貨，每一件都是精品；另一半則是在拍賣網站訂，或是去歐洲旅行時慢慢收集的。

我也有很多日式餐具，特別是最常用的小碟與筷架，大概有至少六、七套輪替，每套都有五個或六個，因為一頓家宴吃下來，總是需要換盤子呀，所以多備著。日常飲食，也最常拿這些小碟豆皿出來，用九谷燒的三寸皿裝一顆對切的半熟玉子，或以伊萬里古白磁裝幾片手工巧克力，看著美麗的器皿，心情也愉悅。

我也收藏日本陶作家的作品，因為手工製作費時量少價高，所以無法收太多。台灣要買日本器皿不難，百貨公司的餐具部門都有，如果是要陶作家的作品，大概就是「小器」了。另外就是每次去日本時慢慢挑選喜歡的帶回來，與從網路上訂。

好的餐具跟耐用的鍋具一樣值得投資，簡單大方的白盤百搭，裝什麼食物都好；顏色沉穩的深色盤適合放大器的魚肉料理；邊緣滾著花邊的盤子適合放沙拉，多一點清新可愛；好的器皿賞心悅目，菜都變好吃了。因此如果許可的話，很推薦大家多花一點點錢，選幾件真心非常喜歡的餐具。盤子也好，碗也好，酒杯或刀叉筷子都好，它們可以用一輩子，拜託別再用百貨公司來店禮送的馬克杯或盤子了。

在書裡的照片中，我盡可能地寫出器皿的名稱、出產窯、陶作家或產地，也給大家選購的一些參考或擺盤的靈感。

嚴選食材、堅持品質，延續百年的葡國好滋味

PORTHOS（葡國老人牌）沙丁魚罐頭迄今已逾百年歷史，兼顧了絕佳風味和優良品質，加上用心的售後服務，方能享譽國際且屹立不搖。

一九一二年，PORTHOS的母公司CPN在賽新布拉這個漁獲豐富的小鎮開啟了他們的事業。而後受到二戰的影響，北上遷移至位於葡萄牙北部海岸的城鎮——馬托西紐什。其優越的地理位置，易於取得新鮮的漁獲，讓PORTHOS能為消費者提供原料天然且高品質的產品。

一九五八年，PORTHOS在馬托西紐什建造了第一座工廠，雖有科技的進步，但仍保留對傳統技法的堅持，嚴選品質上乘的沙丁魚，搭配橄欖油、辣椒、黃瓜等配料，再運用葡國獨特的浸漬技術，成就了成分天然、層次豐富且擁有獨特風味的魚罐頭。

馬托西紐什的工廠至今仍持續運作，而PORTHOS對品質的堅持也從不懈怠。對理念的堅持、對品質的注重、對顧客的關心，在在都使得PORTHOS的市場版圖不斷擴大。而對於這樣一間堅持品質的公司，消費者的滿意就是最好的報酬。

● 鹽水沙丁魚

食材僅有沙丁魚、水和鹽，以浸漬方式緊緊鎖住魚肉的鮮美，無須另加調味，就是最單純直接的美味。

● 日式照燒沙丁魚

鹹甜照燒醬汁包覆軟嫩紮實的魚肉，風味獨特，東西方特色和諧融合，讓人一口接一口。

● 辣植物油沙丁魚

魚肉不腥不柴，僅以植物油、辣椒和鹽來調味，微鹹微辣十分開胃，卻不失清爽口感。

沙丁魚禮盒組

從清爽的橄欖油到酸甜茄汁；突顯魚肉鮮甜的鹽水到異國情調的照燒。營養豐富，風味絕佳，七種口味一次滿足。

PORTHOS 每個口味的沙丁魚罐頭均擁有豐富營養的DHA、EPA、鈣質與礦物質。

● **橄欖油沙丁魚**

使用純天然橄欖油浸漬而成，清爽口感加上橄欖油獨特的香氣，每一口都吃得出魚肉的鮮甜。

● **辣橄欖油沙丁魚**

香辣橄欖油浸潤結實完整的魚肉，搭配辣椒及黃瓜等配料，些微辣度更豐富了風味層次。

● **茄汁沙丁魚**

選用新鮮番茄及沙丁魚製成，無添加物，番茄的酸甜風味及鮮甜魚肉，堪稱絕配。

● **辣茄汁沙丁魚**

番茄的酸甜風味為基底，以辣椒增添香氣，完整包覆緊實油潤的魚肉，入口滋味深厚，濃郁美味。

家·酒場

67道下酒菜，在家舒服喝一杯（或很多杯）

文字·料理　比才

攝影　林煜幃、比才（47右·234）、施清元（30-31·36-37·40-41·50-51·68-69·106-107·122-123·136·137·154-155·172-173·186-187·208-209·224-225）
整體設計　吳佳璘
責任編輯　施彥如

董事長　林明燕
副董事長　林良珀
藝術總監　黃寶萍
執行顧問　謝恩仁

社長　許悔之
總編輯　林煜幃
副總編輯　施彥如
美術主輯　吳佳璘
主編　魏于婷
行政助理　陳芃妤

策略顧問　黃惠美·郭旭原·郭思敏·郭孟君
顧問　施昇輝·林子敬·謝恩仁·林志隆
法律顧問　國際通商法律事務所／邵瓊慧律師

出版　有鹿文化事業有限公司
地址　台北市大安區信義路三段106號10樓之4
電話　02-2700-8388
傳真　02-2700-8178
網址　www.uniqueroute.com
電子信箱　service@uniqueroute.com

製版印刷　中茂分色製版印刷事業股份有限公司

總經銷　紅螞蟻圖書有限公司
地址　台北市內湖區舊宗路二段121巷19號
電話　02-2795-3656
傳真　02-2795-4100
網址　www.e-redant.com

ISBN：978-986-98188-3-4
初版：2019年10月
初版第八次印行：2022年12月10日

定價：480元

國家圖書館出版品預行編目(CIP)資料

家·酒場：67道下酒菜，在家舒服喝一杯（或很多杯）/ 比才著
一初版.一臺北市：有鹿文化，2019.10
面；公分.一（看世界的方法；159）
ISBN：978-986-98188-3-4（平裝）
1. 食譜
427.1　　108015151

提醒您，飲酒過量有害健康，未成年請勿飲酒，
喝酒不開車、開車不喝酒。